the Dreamworld of Roses

绿手指玫瑰大师系列

藤本玫瑰月季造景技巧

[日] 村上敏◎著

花园实验室◎译

长江出版传媒 湖北科学技术出版社

用红砖砌成的拱门上牵引着英国月季。
（地点：日本热海香草月季花园）

让攀爬架和月季相得益彰，
是打造精彩花园的关键

藤本月季养护起来很简单，只要有充足的光照和悉心的照料，即使是园艺新手也能养出魅力四射的花朵。大家失败的多半是造型方面，藤本月季的养护和造景完全是两件事。

月季是木本植物，生长3~5年就能呈现出成熟的植株面貌，并且只要没有什么意外，陪伴我们20年以上是很普遍的。这里必须要注意的是，月季的小苗和成株的姿态是不同的。在月季的世界里，经常会发生原以为是“可爱的小猫”，其实是“老虎”的状况。近些年，也出现了相反的案例。

一般来说，根据月季品种的不同，适合的造型也不尽相同。其中，最具代表性的造型是拱门花廊和栅栏花墙。本书以介绍藤本月季为主，也会介绍一些适合花坛栽种的灌木品种，利用它们笔直生长的枝条，也能做出美观的造型。只是从习性来看，藤本月季更为强健。

当然，如果熟悉月季的习性，大型的品种也可以做成小巧的造型。对于新手来说，配合不同品种的月季自然生长的大小来进行牵引，是最省心、持久，也是最轻松的方法。让攀爬架和不同品种的月季相得益彰，是打造精彩花园的关键。

若想要和月季长久为伴，我有一个小小的建议：不要只通过花朵来选择月季，这将是它能长久陪伴我们的秘诀。

京成月季园园长

村上敏

目录

contents

Chapter 4　打造月季花格

Chapter 5　月季品种的选择方法

Chapter 6　藤本月季的基础培育方法

怒放的藤本月季，精彩的花园

首先，请欣赏几座精彩的月季花园吧。
姿态各异的月季竞相开放，美到让人由衷赞叹。
根据花园特点来选择合适的品种，是打造精彩花园的关键。

Arch（拱门）

M.K. 的家（日本爱知县）
拱门上深粉色的花朵是月季‘安吉拉’，淡粉色的是月季‘娜荷马’。
藤本月季一般种植到第3年就会长得非常壮观了。
到第4年，笋枝增多，修剪的难度就会加大。
了解各个品种的枝条性状和花茎长度，再选择适宜的品种种植吧！

‘娜荷马’的花茎很长，开花位置高，不太适合用来打造拱门造型，建议在栽种的第2年就把它修剪成灌木造型。粉红色的杯状花蕾十分可爱，有着好闻的香气，是较晚开花的品种。

攀爬在屋顶上的是月季‘私家花园’。枝条恣意生长，现在已经完全看不见小屋了。

月季‘龙沙宝石’和‘私家花园’的搭配十分出色，由它们做成的花廊让人在经过时忍不住要驻足欣赏一番。

淡紫色、花量巨大的月季‘蓝色阴雨’是主人家里非常珍贵的蓝色系品种。

‘龙沙宝石’的下方成簇开着可爱的灌木月季‘拉布瑞特’。

这是古典玫瑰‘维多利亚女王’，和‘拉布瑞特’的花形相似，略大一圈。

Arch （拱门）

M. M. 的家（日本神奈川县）
前景的粉色月季是‘艾百丁’，长椅上方的是‘龙沙宝石’。
拍摄的时候阳光正好照进花园，成就了这张极富戏剧性的照片。

Arch （拱门）

N.K. 的咖啡店（日本福岛县）
咖啡店前是一架用‘安吉拉’打造的花拱门。
每到花期，拱门上都会密密麻麻开满花。
在拱门下摆张椅子，惬意地享受下午茶，真是格外浪漫。

Fence （栅栏）

K.K. 的咖啡店（日本千叶县）
淡粉色的月季‘保罗的喜马拉雅麝香’花量巨大，与白墙连成了一片，看上去颇为清爽。
主人并没有特意照料，花也开得很好。
满开的时候，花墙周边香气萦绕。

Obelisk （塔架）

T. M. 的家（日本北海道）
这是主人最喜爱的‘庞巴度玫瑰’。
植株每年都会长大一圈，今年终于长到了塔架顶端。
‘庞巴度玫瑰’习性强健，耐寒性佳，在寒冷的地方也能安心种植。

Obelisk

（塔架）

T.K. 的家（日本京都市）
塔架上牵引的是月季‘日落回忆’。
它的花茎不是很长，花朵盛开时高度刚刚好。

Trellis

（花格）

T.S. 的家（日本富山县）
花格左侧的粉紫色月季是‘蓝色阴雨’，右侧的是‘纺纱’。
主人巧妙地用铁线莲作为背景来搭配，
既丰富了花型，又多了份灵动感。

本书阅读指南

本书将对拱门、栅栏、塔架（塔形花架）、花格（网状插片花架）
4种攀爬架在藤本月季牵引中的运用进行逐一介绍。下面以拱门为例做详细说明。

＊选择攀爬架

结合花园的种植空间和外观风格，选择合适尺寸和造型的攀爬架。建议到花园中实地测量。

例：假设根据花园的情况，D 型拱门的风格和尺寸比较适合，想把它用在花园里。

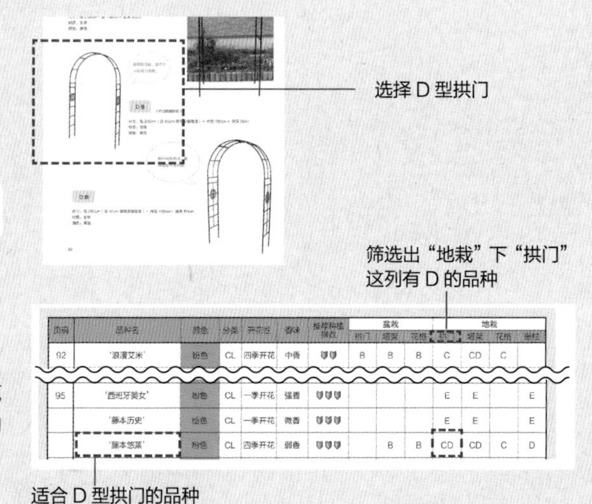

页码	品种名	颜色	分类	开花性	香味	推荐种植指数	盆栽			地栽			
							拱门	塔架	花格	拱门	塔架	花格	栅栏
92	‘浪漫艾米’	粉色	CL	四季开花	中香		B	B	B	C	CD	C	
95	‘西班牙美女’	粉色	CL	一季开花	强香					E	E		E
	‘藤本历史’	粉色	CL	一季开花	微香					E	E		E
	‘藤本悠莱’	粉色	CL	四季开花	弱香			B	B	CD	CD	C	D

＊选择月季

选择和攀爬架相称的月季非常重要。如果搭配不当，可能会出现花枝过长等诸多困扰。因此，不能仅被花的外观所吸引，选择合适的品种更为重要。

例：在“攀爬架类型确认表”（P88）中，确定适合 D 型拱门的月季栽种方式，即“地栽”，再在“月季品种一览表”（P89~91）中进一步了解适合 D 型拱门的月季品种及其详细的生长习性，以确定最终的栽培品种。

查看详细信息

＊安装攀爬架、栽种月季

介绍不同攀爬架的安装方法和适合的月季栽种方法。比如：如何将沉重的攀爬架牢牢固定住，且不会摇晃；如何让月季健康茁壮地生长。

＊修剪和牵引月季

对于不同品种的月季以及不同类型的攀爬架，植株的修剪和牵引方法也不尽相同。对待小苗和成熟植株，其方法也不完全相同。后文将对修剪和牵引工作做具体讲解。

＊欣赏月季

和家人、朋友一起欣赏自己栽种的月季吧！

Chapter 1

打造月季花拱门

穿过月季拱门，
被芬芳香醇的气息包围，
感受无比的浪漫。

Arch & Installation

安装拱门花架

拱门花架一旦安装完成，就可以陪伴我们很久，因此安装的时候务必多费些工夫。

◆ 需要准备的物品

拱门花架	水泥
水泥空心砖	水
铁锹	麻绳
橡胶锤	水平仪
花铲	水桶
砂浆	

市面上有只需要注入一定量的水就能成型的水泥出售，有只需数小时就能成型的速干水泥，也有要一两天才能成型的干灰浆。如果准备时间不够充裕，可以选择前者。但是这种水泥马上就会变硬，后期无法调整形状，如果时间充裕，建议选择干灰浆，这样，即便当天需要重新调整安装，也比较方便，非常适合新手。

1 按照拱门花架的宽度确定放置水泥空心砖的位置。

2 用铁锹挖出一条能够将水泥空心砖（高约19cm）完全埋入的沟槽（深约25cm），槽宽要略宽于砖宽，以方便后续调整。

3 槽底的泥土用橡皮锤夯实，以免空心砖放入后下沉。

4 在挖好的沟槽中倒入砂浆，填至距离地面约19cm。

5 用花铲将表面压平整，另一边也按1~4的步骤操作。

6 在挖好的两条沟槽中各放入两块水泥空心砖。底座越大，花架固定得就越稳。

放大

7 将拱门花架放在水泥空心砖上。

调整拱门花架的位置，将花架底部的小孔对准水泥空心砖上的孔。

8 在拱门花架左右两边的第2根栏杆上绑上麻绳，用来放置水平仪。

9 观察水平仪，粗略调整拱门左右两边的高度，使其保持水平。

10 用橡皮锤敲打水泥砖进行微调。

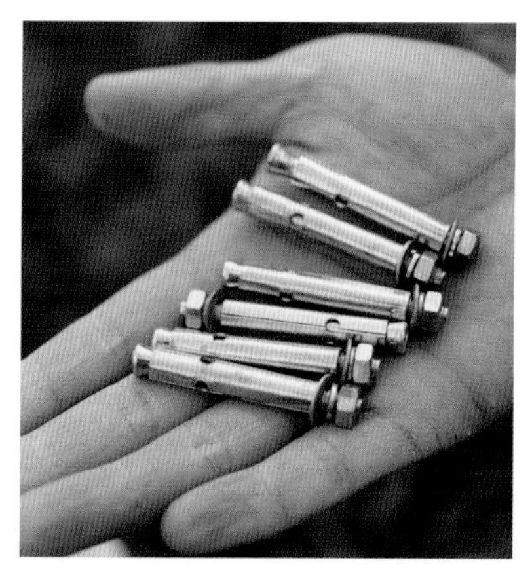

11 准备一些和拱门配套的固定螺丝组件。这个花架左右各有3个安装孔。

12 将拱门花架横卧，把螺丝穿过花架底部的孔，此时先不必拧紧。

13 将螺丝拧到这个状态就可以了。

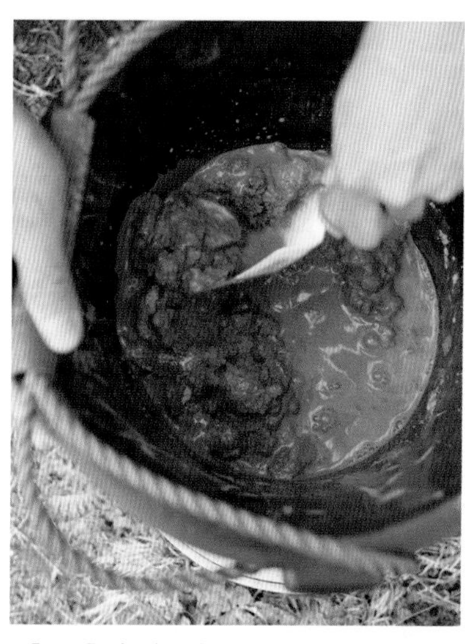

14 把水泥倒入桶内，边加水边慢慢搅拌。

15 用花铲将拌匀的水泥灌入砖孔内。只灌需要固定花架的砖孔即可。

16 用橡皮锤将拱门花架底座上的螺丝组件逐个敲入水泥内固定。

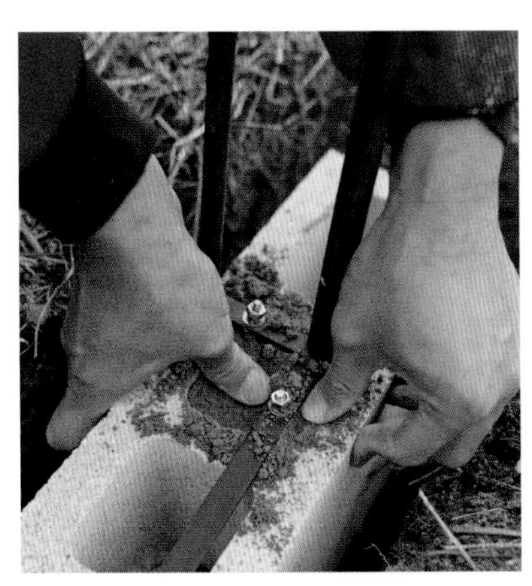

17 用大拇指将砖孔里的水泥压实。操作时请戴上手套，以免受伤。

18 等水泥干了以后，拧紧螺帽。拧紧后螺丝的底部会被撑开，这样拱门花架就被牢牢固定住了。

19 回填挖出来的泥土，把水泥砖完全盖住。

20 拱门花架安装完毕。

Rose & Plant

栽种月季

这次栽种时间正值月季休眠期，因此可以将根团扒开，裸根栽种。但如果是在旺盛生长期进行移栽，就要注意不要破坏根团。

◆ 需要准备的物品

月季大苗‘浪漫艾米’
月季大苗‘北极星阿尔法’
铁锹
含基肥的土壤改良剂
棍子
水壶

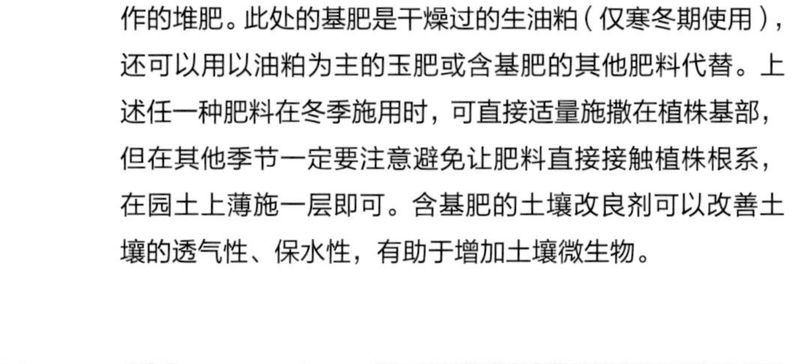

此处使用的土壤改良剂是用腐熟的牛粪（或马粪）制作的堆肥。此处的基肥是干燥过的生油粕（仅寒冬期使用），还可以用以油粕为主的玉肥或含基肥的其他肥料代替。上述任一种肥料在冬季施用时，可直接适量施撒在植株基部，但在其他季节一定要注意避免让肥料直接接触植株根系，在园土上薄施一层即可。含基肥的土壤改良剂可以改善土壤的透气性、保水性，有助于增加土壤微生物。

1 用铁锹在拱门左侧的左边挖一个直径约50cm、深约50cm 的坑。

2 倒入深约10cm 的含有基肥的土壤改良剂。

3 回填部分土，与土壤改良剂混合，用铁锹拌匀。

4 梳理花苗的根团，把多余的土抖掉。

5 根系呈散开的树枝状放入挖好的坑内。

6 再回填部分土入坑。

7 倒入土壤改良剂，与土拌匀。

8 根须的缝隙里也要填满土。可以使用棍子来进行操作。

9 用水壶缓慢浇水。边浇水，边用棍子戳土，让水充分浸湿根须之间的土。

10 继续回填剩余的土，直至把坑填满。

11 栽种好后，用水壶浇足量的水。
※ 注意，如果直接用水管浇水的话，出水太急容易导致水还未浇透根系就溢出来了。

12 拱门花架左侧种的是‘北极星阿尔法’，右侧用同样的方法种上‘浪漫艾米’。

13 由‘北极星阿尔法’和‘浪漫艾米’组成的双色月季拱门制作完成。

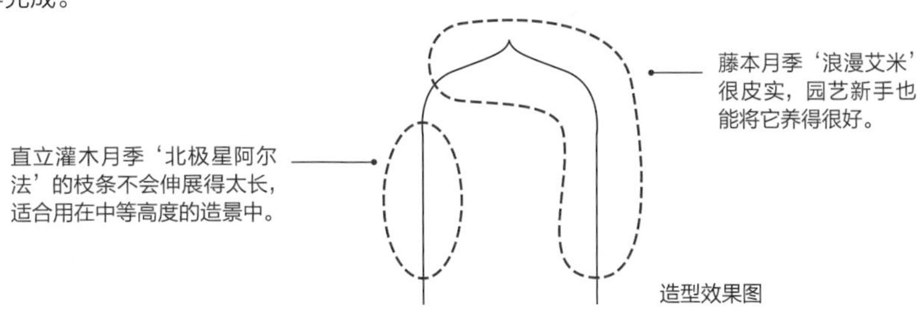

Pruning & Traction

修剪和牵引月季

修剪和牵引工作不仅仅是为了造型的美观，同时也是为了把控植株的开花性、保证植株整体的长势，以期达到最佳的开花效果。

这次修剪和牵引的是藤本月季‘悠莱’。小苗定植后过了8个月，现在已经长出了多根新枝。（时间：12月8日）

在拱门上修剪和牵引枝条 最需要优先考虑的是枝条的攀爬性

这次要牵引的月季植株，相对于拱门花架来说，个头还很小，此次牵引的目的是让植株可以尽快生长。因此，如果枝叶没有重叠交错而影响光照的话，尽可能将细弱枝也一并保留下来。粗壮的新枝不需要横拉，直立牵引即可。（时间：翌年1月5日）

基部枝条的修剪和牵引

牵引要点：牵引必须从植株底部开始。

1 枯枝要从底部用修枝剪剪除。

2 经判断，这根细枝无法开花，但枝上的叶片很茂密，可以吸收养分，所以将它保留下来，让它慢慢长成粗枝。把它牵引到靠近基部的地方，以免被粗枝遮挡，无法获取充足的光照。即使是牵引细弱枝，也要从底部开始按顺序牵引。

细弱枝的修剪和牵引

细弱枝如果能得到充足的光照，同样可以进行光合作用，让植株生长得更好。因此只要枝条不是过密，就可以将细弱枝都保留下来。例如这棵月季上的细枝都被牵引到拱门下方无遮挡的位置上了。

1 长不出饱满芽点的细枝留着也无法进行光合作用，予以剪除。

2 保留的细枝直接用麻绳绑扎在拱门上。由于牵引会削弱枝条的长势，因此建议在靠近下方的地方进行牵引，让它保持直立的状态。

3 饱满的芽点可以萌发出健康的枝条，因此要剪断其上方的枝条，让它们作为枝条的顶端，以促进生长。

4 右侧的这根小枝上没有饱满的芽点，用修枝剪将它剪掉。

5 修剪好的形态。

将虚线圈中的这根细枝牵引成一个近似圆形，按照①②③的顺序用麻绳将3个点固定在花架上。一般固定住3个及以上的点，枝条就不会晃动了。

月季的顶端优势强，因此枝条牵引弯曲后，右图虚线圈内A处的芽点就会萌发出新的枝条。如果枝条足够强健，还能开出花来。

粗壮枝的修剪和牵引

修剪和牵引粗壮枝条的基本原则是剪除枝条上的细弱小枝，将养分集中供给健壮的小枝。事先观察一下开花枝的粗细，这样有助于来年的修剪工作。

1 虚线圈内的这部分枝条状态较好，计划让这部分枝条开花。现在这根枝条还比较细，为了让它能开出更多的花，先不要弯曲它，将枝条直立着牵引到花架上。

这是最粗壮的一根笋枝，为了促使它长得更高，最后一步再将它直立牵引到花架中间（红色直线区域内）

2 将细弱枝全部剪除，只保留较为粗壮的开花枝，蓝色圈内是目测能开花的芽点。

3 修剪、牵引完成后，枝条形态格外清爽。若不进行处理，将枝条集中绑扎到狭窄的花架上，细弱枝互相交错，会不利于植株的光合作用。

修剪枝头，增加花量

剪掉小枝，让养分更集中，提升植株的开花性。

细枝枝头还分出了很多小枝，如果放任不管，营养就会被它们分散、消耗掉。正确的做法是剪掉小枝，将养分集中到两三个芽点上，这样就容易萌发出开花枝。

为使养分集中到粗枝上，剪掉消耗养分的细弱小枝。

判断目标开花枝

· 枝条达到一定的粗细程度（根据往年的开花情况来观察判断）。

· 芽点越红、状态越饱满，就越容易萌发出开花枝。

完成

将枝头均匀地牵引到花架上，根据往年的开花情况，判断出红圈内的都是可以开花的枝条。

拱门花架的右侧也同左侧一样修剪、牵引上枝条，造型完成。

开花状态

🅐部分花架上牵引的是细枝，它们主要负责制造养分，并打造出枝繁叶茂的效果。同时也填补了花架下方的空白，使整体造型看上去更加丰盈。

🅑部分花架上牵引的是为了促花而保留的粗枝。如今已经开出了非常华丽的大花朵。（时间：5月13日）

Arch & Choose

拱门花架的种类

藤本月季生长旺盛，几年之后就会长成很大一棵。因此，在一开始就要选择间隔较宽的款式，以免后期枝条难以穿过栏杆的空隙。

另外，在选择拱门花架时，也要考虑牢固性及耐用性，要选择能经得住粗壮花枝反弹力的花架。自重轻、做工粗糙的产品，通常使用5年左右就开始腐坏了。而这个时候，月季已经能开得很壮观了。

E型

尺寸：高 213cm × 外宽 226cm（内宽 202cm）× 进深 100cm
材质：生铁
颜色：象牙白色

不挑品种，适用于所有藤本月季，是一款万能的大型拱门花架。

这款花架不会生锈，也不需要再涂漆。即使是在冬季，月季落叶后，整体造型也会很美。

C型

尺寸：高 263cm（含 30cm 填埋安装高度）× 宽 125cm× 进深 61cm
材质：聚氯乙烯（PVC）
颜色：白色

这款花架的装饰性佳，并且持久耐用。开花的时候整体呈现出非常华丽的效果。

C型

（P14 使用款式）

尺寸：高 250cm（含 20cm 填埋安装高度）× 宽 131cm× 进深 40cm
材质：铁质
颜色：黑色

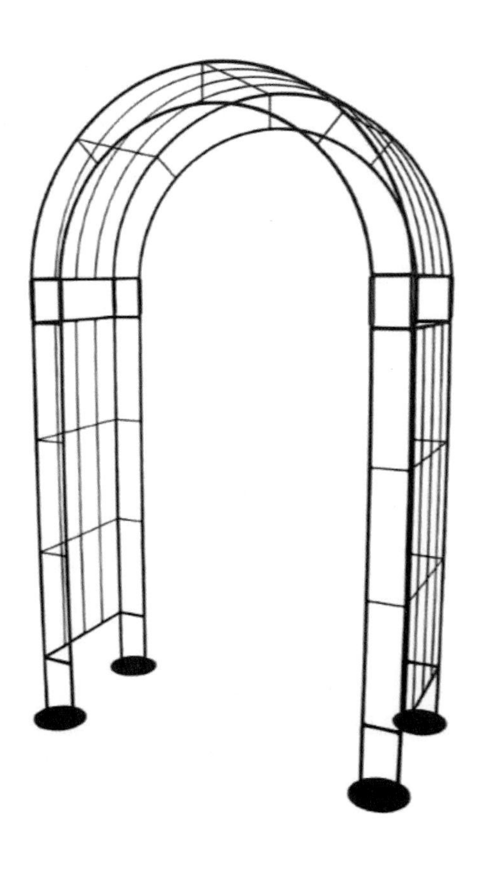

最受欢迎的拱门尺寸，耐用性极佳，能长久地陪伴月季生长。

C型

尺寸：高 200cm × 外宽 120cm（内宽 96cm）× 进深 50cm
材质：生铁
颜色：黑色

花架上有装饰物，花苗较小时或叶片凋落后也不会显得单调。几个花架连续排列还能打造长长的花廊。

C型

尺寸：高 271cm × 外宽 134cm × 进深 38cm
材质：熟铁
颜色：黑色

C 型

尺寸：高 210cm × 宽 100cm × 进深 52cm
材质：生铁
颜色：黑色

超薄型花架，适合在
小空间内使用。

D 型

（P22使用款式）

尺寸：高 260cm（含 40cm 填埋安装高度）× 宽 150cm × 进深 29cm
材质：生铁
颜色：黑色

横杆间距宽阔，整
体造型干净利落。

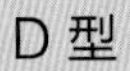

D 型

尺寸：高 260cm（含 40cm 填埋安装高度）× 宽 150cm × 进深 50cm
材质：生铁
颜色：黑色

适合与月季搭配栽种的宿根植物

月季植株的基部和拱门花架的底部若是没有花植装饰，很容易显得寂寥无趣，推荐栽种一些宿根植物作为填充。它们每年都能次第绽放出楚楚动人的花朵，能将月季衬托得更加华丽，是花园中的"黄金配角"。它们的存在让花园的景致更为立体丰富，并催生出了新的观赏价值。

植物分类说明

将宿根植物分成 a~e 5个类别。
可根据搭配需要及花园的实际情况选择最为合适的植物。

a 攀爬在一侧的拱门上，和月季一同组成花拱门。

b 种在月季基部长不出新枝的地方，填补空缺。

c 地栽时装饰在拱门底部（光照不足的背阴处）。

d 地栽时装饰在拱门底部（全日照的位置）。

e 与盆栽月季混栽。

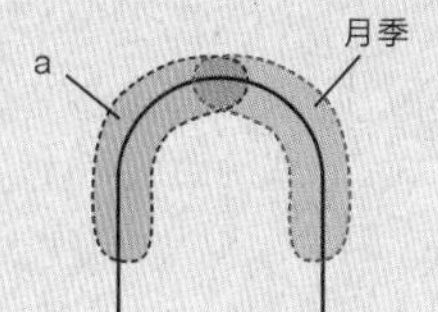

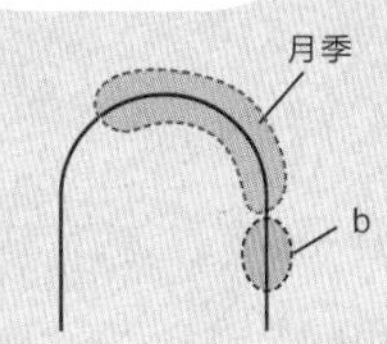

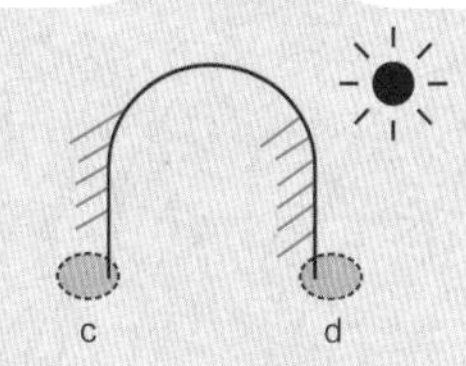

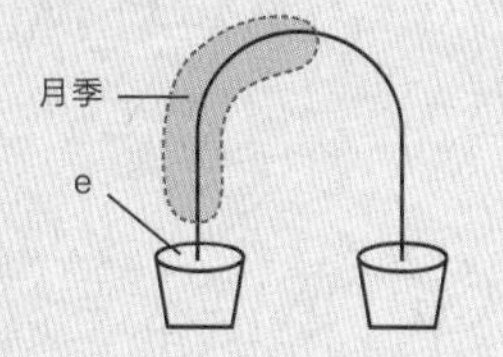

a

铁线莲‘阿芙罗狄蒂’

花瓣细长，颜色清爽，一年多次开花

花期：5—10月　花径：6~9cm

株高：150~200cm　日照条件：全日照

a

铁线莲‘塞姆’

深紫色的大花，尤为抓人眼球

花期：6—10月　花径：12~14cm

株高：200~300cm　日照条件：全日照

a

铁线莲‘朱莉’

适合攀爬在塔架或者花格上

花期：5—10月　花径：6~9cm

株高：150~200cm　日照条件：全日照

b

铁线莲‘啤酒’

株型矮小，花量极多

花期：5—9月　花径：9~12cm

株高：100~150cm　日照条件：全日照

b

铁线莲‘卢瓦尔’

明亮的蓝紫色花瓣呈剑形展开

花期：5月　花径：8~12cm

株高：100~200cm　日照条件：全日照

b

铁线莲‘火岳’

开花性拔群，花形极具个性

花期：5—7月　花径：9~11cm

株高：100~150cm　日照条件：全日照

圣诞玫瑰

早春开放可爱的小花，秋季落叶
花期：冬至翌春　花径：5~10cm
株高：约50cm　日照条件：有明亮散射光的背阴处

毛地黄'及膝腮红'

株型较高，造型别致的花朵能持续开放到秋季
花期：5—11月　花长：约6cm
株高：50~80cm　日照条件：全日照（夏季半日照）

矾根'焦糖'

一年四季都能欣赏优美的叶色
花期：5—6月　叶色：橘色或棕色
株高：约40cm　日照条件：半日照至有明亮散射光的背阴处

肺草

品种多样，有花叶的，也有白花和粉花的
花期：3—5月　花径：约1cm
株高：10~40cm　日照条件：半日照至有明亮散射光的背阴处

松果菊'蝴蝶之吻'

及时修剪残花的话，可以持续开花到秋季
花期：5—11月　花径：约6cm
株高：约45cm　日照条件：全日照

松果菊'草裙舞者'

白色的花朵随风摇曳，姿态优雅
花期：5—10月　花径：约10cm
株高：70~100cm　日照条件：全日照

薹草'警告'

常绿大型地被植物

花期：4—5月　　花：开的花几乎没有观赏价值

株高：40~50cm　　日照条件：全日照至半日照

岩蔷薇'米奇'

常绿花叶植物，白色的小花可爱迷人

花期：5月　　花径：约4cm

株高：30~70cm　　日照条件：全日照至半日照

荆芥'少年步行者'

株型紧凑，花期很长

花期：5—10月　　花穗长：约8cm

株高：35~50cm　　日照条件：全日照

马鞭草

色彩艳丽的地被植物，花期很长

花期：6—9月　　花球直径：4~5cm

株高：30~40cm　　日照条件：全日照

法国薰衣草'薰衣草公主'

常绿草本植物，有着针形的银色细叶，花朵也十分鲜艳

花期：5月　　花穗长：约5cm

株高：30~50cm　　日照条件：全日照

萱草

大量的花朵持续开放，花色丰富

花期：5月中旬至8月　　花径：6~30cm

株高：30~180cm　　日照条件：全日照

d

乱子草'阿鲁巴'

秋日阳光下，纤细的草穗十分迷人

花期：9—10月　花穗长：40~50cm

株高：80~100cm　日照条件：全日照

d

宿根柳川鱼

花期长，直立婀娜的姿态极具魅力

花期：6—10月　花穗长：20~40cm

株高：60~100cm　日照条件：全日照

e

酢浆草'紫舞'

春秋两季，深紫色的叶片特别引人注目

花期：6—11月　花径：约2cm

株高：约20cm　日照条件：全日照

e

头花蓼

茎匍匐生长，球状的小花铺满地面

花期：4月、10—12月　花球直径：约7mm

株高：50cm（茎蔓长度）　日照条件：全日照、半日照

e

小蔓长春花

花色鲜艳，带斑纹的叶片也别具一格

花期：4月至5月上旬　花径：约4cm

株高：约1cm（茎蔓长度）　日照条件：全日照、有明亮散射光的背阴处

e

野芝麻

蔓生性佳，适合作为地被植物

花期：5—6月　花长：约1cm

株高：10~40cm　日照条件：半日照

打造月季花拱门的 Q & A

Q 拱门上的月季枝条生长过旺，修剪时无从下手该怎么办？

A 在打造月季花拱门时，植株上的每根枝条都要牵引到拱门花架上。从各方向萌发出的每根枝条都有不同的作用。下图将拱门分成了 A~F 的区域，并对每个区域内萌发出的枝条，按照粗壮长枝（以①标注）和细短枝（以②标注）来做详细说明。

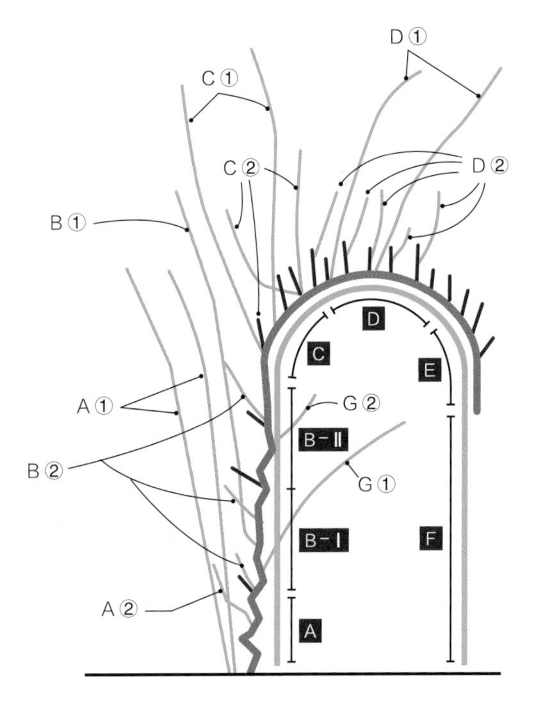

A 拱门花架的底部：大多数品种超过6年的老枝很难再在这个区域萌发新枝和新叶。

A① 这两根笋枝是今后的主力开花枝，这样的笋枝很难抽出，因此要格外认真养护。后续的几年，要陆续将此时牵引在花架上的老枝用这样强健的笋枝替换掉。新枝在生长期内，只有中间到枝头的部位开花，下半部分不开花。

A② 由老枝基部抽出的细短枝。这个部位的枝条较少，也很难开花。如果有看上去能开花的枝条，就保留下来并进行牵引。也可以对这个部位的枝条进行修剪，只保留2个芽点促使它们开花。

※ 拱门底部难以萌发新枝主要是因为光照不足（也有可能与品种本身有关）。要想打造出花团锦簇的效果，在拱门底部栽种草花来遮盖难以开花的部位不失为一个好方法。

B 拱门花架的左侧面：这个区域的老枝上很难萌发出新枝，且越往下，新枝越少。因此，只要是看上去能开花的枝条，都要尽量保留。

B① 像这样的长枝条要进行妥善牵引，好好养护。

B② B-Ⅰ B-Ⅱ这两个区域的枝条处理方法是不同的。B-Ⅰ区域比较难抽出新枝，容易显得光秃秃的，为避免景致过于寂寥，将新枝都保留。B-Ⅱ区域枝条相对较多，可将看上去细弱、无法开花的枝条全部剪掉，将能开花的枝条尽量横拉牵引到花架上。若是枝条过多，可截短部分枝条至仅保留2个开花芽点，以助促花。如果这个区域内没有新枝，可以栽种一些枝条上开花、藤蔓较短的铁线莲加以覆盖，从而达到华丽的开花效果。

C 拱门花架的左肩部：这个区域的枝条长势旺盛，最容易抽出新枝。

C① 这部分枝条要牵引到D区域，今后能在此处萌发出大量开花枝。注意：操作要小心、轻柔。等新枝大量萌发后，在秋季便可以彻底剪除D E区域的老枝。到了冬季，C①这部分枝条就可以取代原有的老枝，重新加以牵引绑扎即可，过不了多久就能长得很漂亮，并且病虫害也能减少。

C② 若C①长枝牵引完成后，花架顶部还有空当，就可以将C②中看上去可以开花的粗枝优先牵引到空当处。如果枝条过多，则保留2个芽点回剪。但若芽点过密，届时造成枝叶重叠的话，就需要进一步精剪，留出生长空间，让拱门上的花开得更加匀称。

D 拱门花架的顶部：此区域内枝条横卧，枝条所摄取的养分较为均衡，因此会抽出很多的开花细枝。相对地，这个区域也就较难长出长的枝条。

D① 如果C①长枝已将这块区域全覆盖，那么到秋季就可以修剪掉前一年的老枝。若C①枝条较少，则可以把D①枝条牵引到拱门花架另一侧的E F区域来促使它开花。但如果E F区域没有空当来进行牵引，那么无论多粗的D①枝条都只保留2个芽点回剪。

D② 若从C区域牵引过来的枝条较少的话，就将D②区域中细弱的、不能开花的枝条全部剪除，将看上去能开花的枝条保留2个芽点回剪。

E 拱门花架的右肩部：下垂牵引至此区域的枝条，在春季开过花后，到了秋季容易变得羸弱，尤其是原生种和一季开花的品种。故牵引到这一个区域的枝条大多会被整根剪除。

F 拱门花架的右侧面：绝大部分的月季枝条都不能生长到这个区域。但‘弗朗索瓦·朱朗维尔’等枝条下垂牵引后也能正常生长的品种，以及木香和金樱子等原生种，它们的垂枝能覆盖到这个区域。

G 长到拱门内侧的枝条：这部分枝条可以直接牵引绑扎在拱门花架的内侧，但是时间长了，枝条之间容易互相缠绕，再想重新牵引就难了。因此尽可能将这样的枝条抽出拱门外做牵引，这样也比较容易将其绑扎到理想的位置上。等积累了足够的经验以后，在枝条生长初期就能判断哪些是今后无法抽出来牵引的枝条，这样就可以将它们在刚萌发的时候就剪掉，把养分留给其他开花枝。

Chapter 2

打造月季花墙

许多月季品种都可以在花墙上展现傲人的效果，
轻松打造壮观的繁花景象。

Pruning & Traction

修剪和牵引月季

用月季打造花墙时，通常使用栅栏作为攀爬架。高度在180cm 以上的栅栏适合牵引大多数月季，但若只有齐腰的高度，就要注意品种的选择。

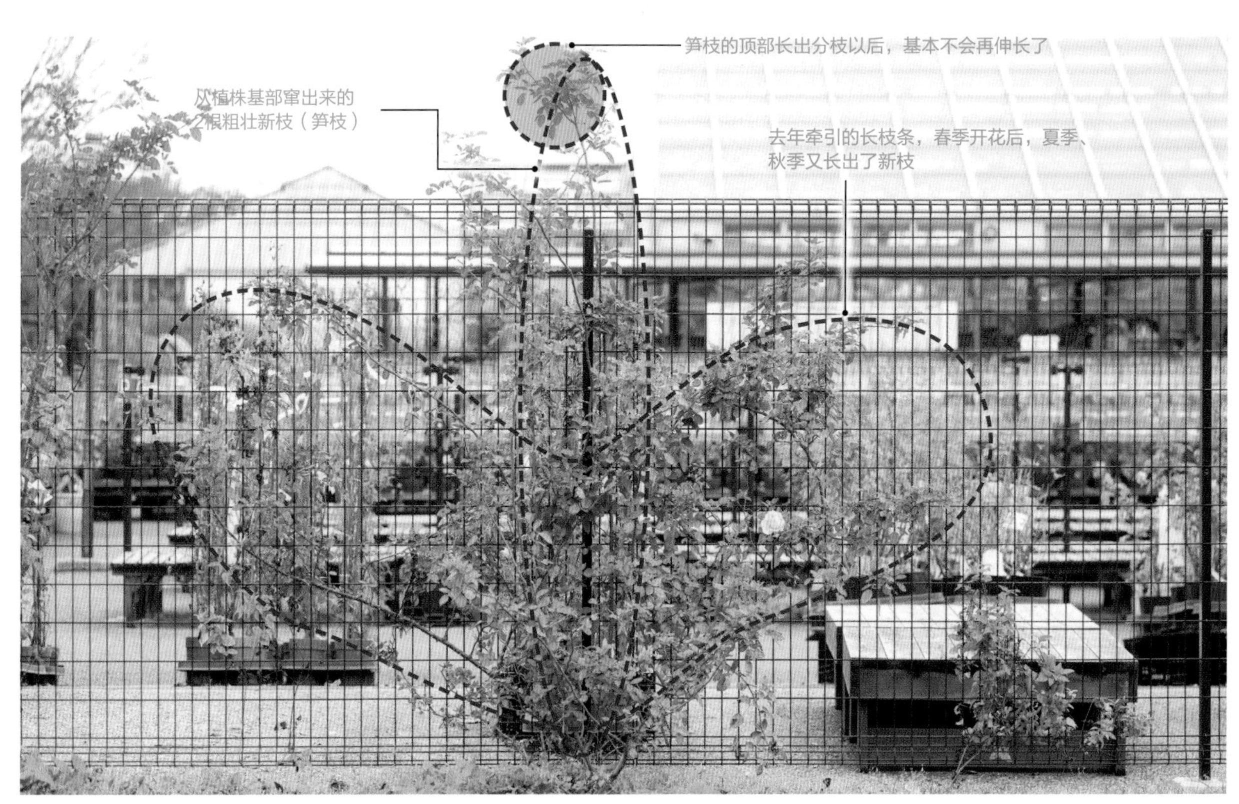

栅栏前的‘龙沙宝石’修剪、牵引前的状态。（时间：12月8日）

将粗壮的新枝牵引到栅栏的最佳位置

月季是新老枝交替生长的植物，要尽量保留粗壮的新枝。

笋枝的底部

笋枝的枝头

若枝条上萌发出了粗壮的新枝，就顺着它生长的方向暂时将它牵引到栅栏上，小心操作，不要折断枝条。这种枝条通常都是今后几年的主力开花枝。

从基部萌发的枝条称为笋枝，笋枝成熟后，还会长出很多粗壮的分枝。

植物都具有向上生长的特性，因此，枝条越弯，越容易影响植株的长势。故要将处于生长期的枝条都牵引到栅栏上光照好的位置。（时间：翌年1月5日）

修剪细弱枝的枝头，促使其开花

细弱枝的枝头一般无法开花。但如果枝条是向上生长的，剪掉枝头后，修剪处还可以开出花来。因此建议果断剪掉细弱枝的枝头。

以 B 为基点，保留两三个芽点修剪细枝，让花能沿着栅栏整齐开放。但如果是用枝条偏硬的品种打造花墙，可以就在 A 的位置修剪，尽量保留枝条的长度。

判断主次枝条

判断枝条的主次，进行合理的修剪与牵引。

要点

在栽种月季最初的 1～3年，若全部枝条都能接收到充分光照，则可以不做任何修剪，全部保留。

① 不能开花的细弱枝（A 枝条）会慢慢生长，通过光合作用制造养分。
② A 枝条制造的养分可以供给 B 枝条。
③ A、B 枝条制造的养分可以供给 C 枝条。
④ B、C 枝条的“养分供给者”A 枝条会渐渐枯萎。

将枝条抽出栅栏外修剪

沿着栅栏生长的枝条会穿插在网格之间，如果不将穿插在网格间的枝条抽出来而直接牵引的话，后续会产生两个麻烦。

① 一两年后，很多开花枝将无法牵引到理想的位置上。

② 枝条逐年变粗，很容易使栅栏弯曲变形。

根据枝条的粗细来决定修剪的位置

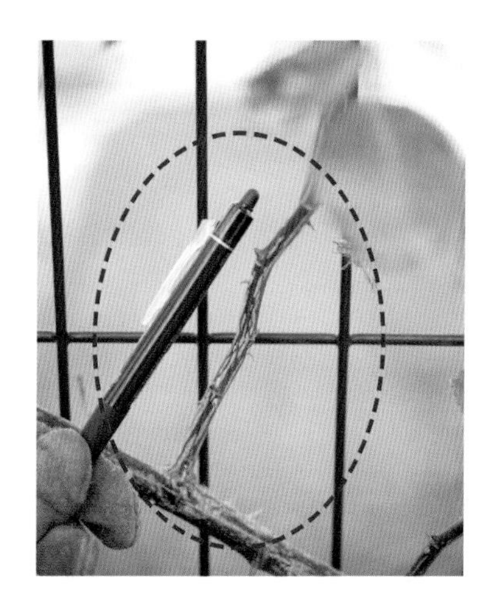

修剪的基准

比左图中这支笔还细的枝条一般很难开出大花（花径10cm 以上）。以左图中用笔参照的这根枝条的粗细作为修剪的基准，修剪掉比它细的枝条，而这个粗细的枝条，剪不剪都是可以的。

这次修剪的月季植株还比较年轻，因此，左图中的这根枝条暂不做修剪。枝条上的竖纹是它熬过寒冬的证明。

这根枝条虽然有笔那么粗，但是是不耐寒的绿色嫩枝。对其进行短截，保留2cm左右即可。待天气回暖后，即使是这么短的枝条也能萌发出开花枝。

修剪细弱枝

粗细在筷子到笔之间的枝条，可以保留两三个芽点，用修枝剪短截即可。

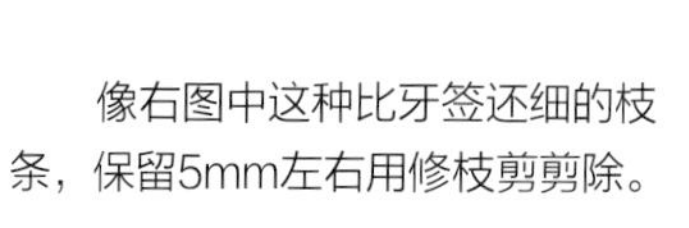

像右图中这种比牙签还细的枝条，保留5mm左右用修枝剪剪除。

制订牵引方案

剪掉细弱枝，拔掉粗枝上所有的叶片，只剩下枝条后再制订牵引方案。

A 是分枝中最粗的两根枝条，将它们横拉牵引就能开出很多花来，因此要把它们尽量留长。如果牵引的空间不足，就在 C 点的位置将枝条剪短。此次决定保留所有枝条，暂不在 C 处修剪，而是牵引 B 枝，枝条左侧部分的细弱枝则在 D 处剪短，促使它们在切口位置开花。

牵引固定的技巧

将麻绳绕枝条两圈后再绑扎在栅栏上可以更好地固定枝条。这样枝条不易反弹，打结也更容易。

柔弱的嫩枝，保留2cm 左右短截。

放大

过于细弱的新枝可以直接修剪

枝条保持一定间隔，避免重叠

新萌发的粗壮枝条不要过度弯曲牵引，尽量保证它的长势。老枝和细弱枝可以牵引到栅栏的下方，按顺序从植株底部往上牵引。注意要留出枝叶生长的空间。

整理植株基部

这根白色的细枝被粗壮的枝条包围，无法得到充足的光照，并且，根据经验判断出它是无法开花的细弱枝，因此，从基部将其剪掉。

牵引远离栅栏的枝条

牵引离栅栏较远的枝条时要注意不能强硬拿弯，以免枝条断裂。

将远离栅栏的枝条牵引到和其他枝条处于同一平面是最理想的。但如果一味追求效果，枝条很容易断裂。要记住：枝条不断裂是牵引工作的底线。

基部也能开花

植株的基部一般很难开花，因此要珍惜那些从基部抽出的和笔粗细相当的枝条。对它们进行牵引或修剪，使其能够得到充足的光照。

用粗壮有力的新枝代替羸弱的老枝

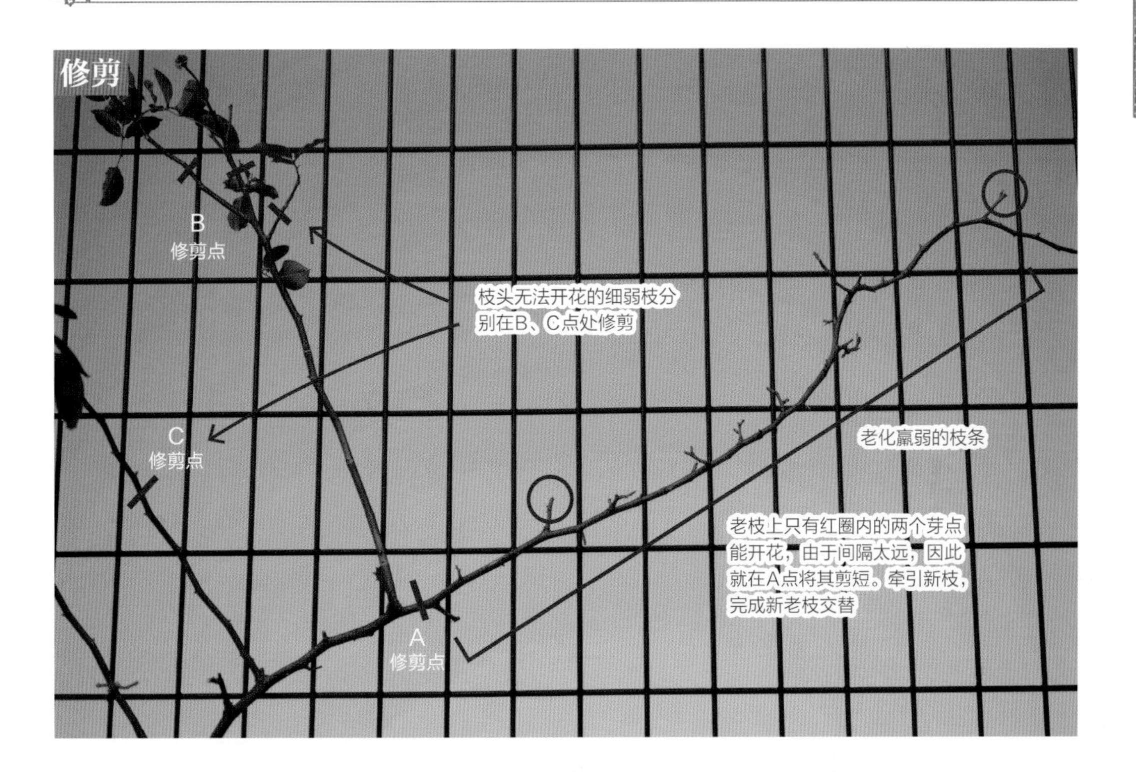

老化羸弱的枝条在 A 点剪断，新枝 B、C 作为今后开花的主力枝。

枝条修剪和牵引完成

开花状态（时间：5月20日）

植株从基部就密密麻麻开出了花，形成了华丽壮观的花墙。枝条越是粗壮，开出的花朵就越大，这就是要把细弱枝都修剪掉的原因。对比修剪、牵引后的大花月季‘龙沙宝石’的枝条（P46~47）和中花月季‘蓝色阴雨’的枝条（P76），不难发现两者枝条保留的密度、牵引的间隔都是截然不同的。

打造月季花墙的 Q & A

Q　齐腰高度的栅栏适合牵引哪些月季呢？

A　藤本月季如‘阿尔贝里克·巴比尔’‘弗朗索瓦·朱朗维尔’等品种的枝条可以长得很长，想要用它们来装饰齐腰高度的栅栏也是可以的，但要注意修剪长势过旺的枝条。月季本身其实是没有攀爬器官的，并不能自己攀爬到栅栏上，需要我们将伸展的枝条牵引绑扎到理想的位置。

藤本月季长长的枝条在短短半年内就能长到花园的路中央。因此要时常对它们进行修剪，做好牵引工作，种植在公共区域时注意不要影响到他人。

如果无法经常进行牵引，那么有一个好办法就是栽种适合小型栅栏的半藤本月季，或者并排种几棵直立或半直立且四季开花的灌木品种。特别是后者，近几年已有不少新手也能很好驾驭的皮实品种被培育出来。

‘阿尔贝里克·巴比尔’

‘弗朗索瓦·朱朗维尔’

····· Chapter 3 ·····

打造月季塔架

在狭小的空间也能打造月季塔架，
成为亮丽的焦点。

Obelisk & Installation

安装塔架

不少品种的藤本月季成株都很高大，因此，使用高250cm 左右的大型塔架较为稳妥。

◆ 需要准备的物品

塔架
水泥空心砖
铁锹
花铲
水泥
水桶
水
小棍子

※以下两样如果没有也没问题，有的话更有利于月季生根、成长。
腐熟堆肥
基肥

1 用铁锹挖一个深40cm 左右的四方形坑。

2 坑的四角分别放上一块水泥空心砖，确定塔架的安装位置。水泥空心砖的外围可预留一些空间，这样塔架会固定得更稳。

3 用手将4块水泥空心砖轻轻往下按入土里，予以固定。

4 用花铲把水泥填入空心砖内。

5 填满后再用花铲刮平表面。

6 将塔架的下部插入砖内的水泥中。

7 用小棍子填补塔架脚部和水泥之间的空隙，边戳边填塞水泥。

8 等水泥干透就可以安装塔架的上半部分了。

9 用铁锹将土回填入坑。

10 回填土时混入堆肥以改善土质，有助于月季根系的生长。

11 再加入少量基肥，轻轻拌入土中，继续回填。

12 最后，用铁锹碾碎大块的泥土，压实、平整表面，塔架就安装完成了。

Rose & Plant

栽种月季

将月季种在塔架光照好的外侧（一般为南侧），并预留出足够的空间让花枝能够自由伸展。这样不但能减轻后续牵引时梳理枝条的工作，还能更方便地将枝条牵引到塔架上的理想位置。

◆ 需要准备的物品

月季小苗'灰姑娘'
铁锹
花铲
水壶
土壤改良剂
基肥
麻绳

1 用铁锹在塔架南侧挖一个直径 40cm、深 40cm 的坑。

2 往坑里洒入适量基肥和土壤改良剂。

3 回填部分园土，将园土与基肥充分混合。

4 重复 2~3 的步骤，回填园土至适当高度，为栽种花苗做准备。

5 这次要栽种的花苗正处于生长期，操作要小心，不要破坏了根部的土球。将花苗脱盆后放置在距离塔架边缘 15cm 左右的位置。由于枝条还比较细弱，种植深度接近原本的盆口高度即可。

6 在土球的周围撒上基肥。

7 用花铲继续回填园土。

8 以花苗为中心，围一圈小土堆。

9 用水壶往中间浇足量水，让水充分渗入土中。

10 打散土堆，填平土面。

11 再次浇水，用水填满土间的缝隙，注意这次一定要浇透。

12 用麻绳将月季枝条固定在塔架上。枝条随着生长会逐渐变粗，因此不要绑得太紧。

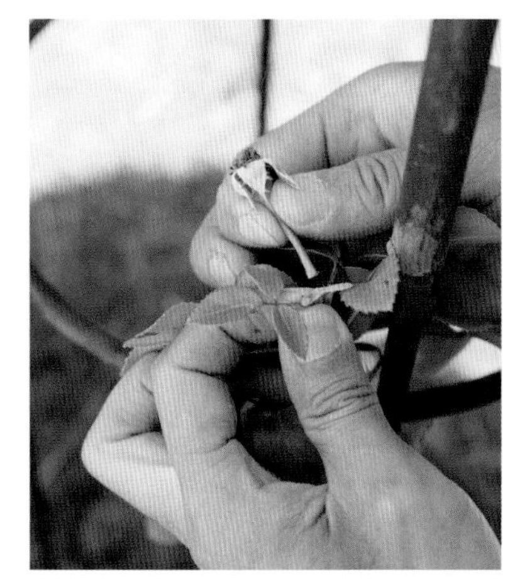

13 枝条上有花梗的话需要将其摘除。

14 花苗还小，暂时不需要横拉牵引枝条，笔直往上绑扎固定即可。

15 月季栽种并绑扎完成。

Pruning & Traction

修剪和牵引月季

打造塔架造型的方式有两种：一种是将枝条缠绕在塔架上，另一种是修剪和牵引枝条。这里以后者为例做详细说明。

月季‘浪漫艾米’的枝条即使不进行横拉牵引也能萌发出很多开花枝，是一款对新手来说很容易打造出漂亮塔架的品种。（时间：1月5日）

修剪细枝，摘除叶片

1 相对于图中这款塔架来说，牵引的这棵月季苗还小，基本可以不做修剪，将枝条全部向上牵引，把最健康、粗壮的枝条牵引到光照最好的位置。这棵月季的健康粗枝有4组。A、B、C 是较为粗壮的枝条，D 是细枝较多的枝条。

2 有饱满芽点的枝条一般可判断为开花枝，可以保留两三个芽点剪短枝条，而看着无法开花的细枝则保留1个芽点剪短。

3 细枝修剪结束并摘除叶片后的枝条状态。这次牵引的苗还比较小，因此保留了大部分枝条。等今后粗壮枝多了，虚线圈中这样的细枝就可以修剪掉了。

4 其他枝条也按照上述方法进行修剪。保留 B、D 这样的细枝是为了让植株能多长出一些像 C 那样粗壮的枝条。C 是这次开花的主力枝。等植株基部萌发出了比 C 更粗壮的笋枝以后，就可以修剪掉 B 和 D 这样的细枝了。

将枝条全部牵引到塔架上

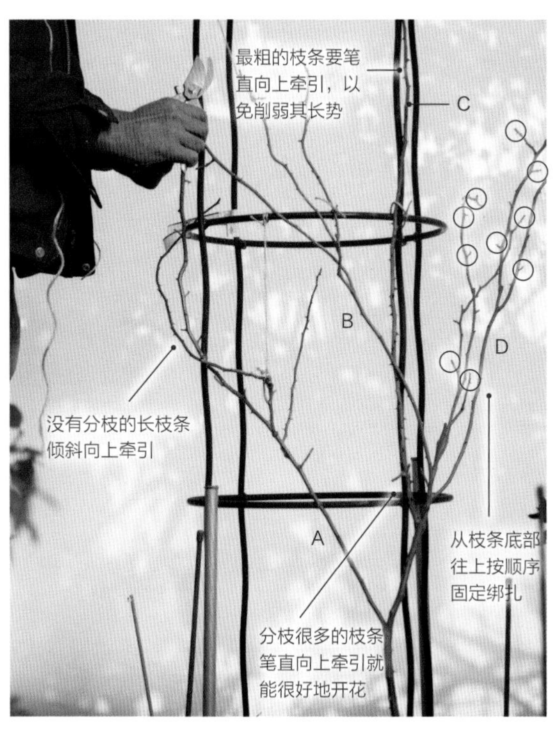

1 没有分枝的长枝条沿着塔架螺旋向上牵引，顺时针或逆时针均可。尽量让枝条呈倾斜的状态，用麻绳一段一段绑扎固定。

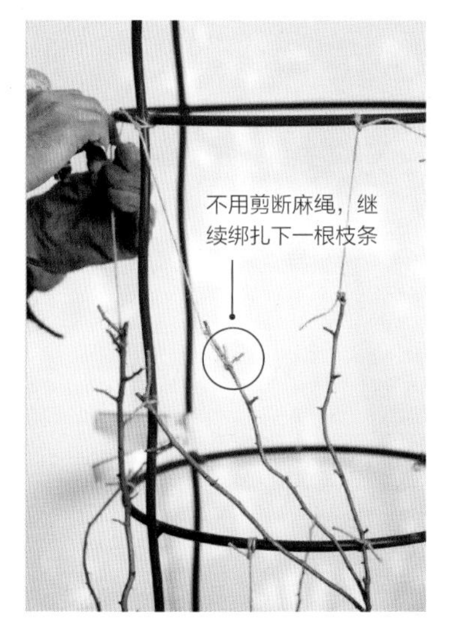

2 将枝条全部绑扎到塔架上，枝条长度不够的话用麻绳补足。

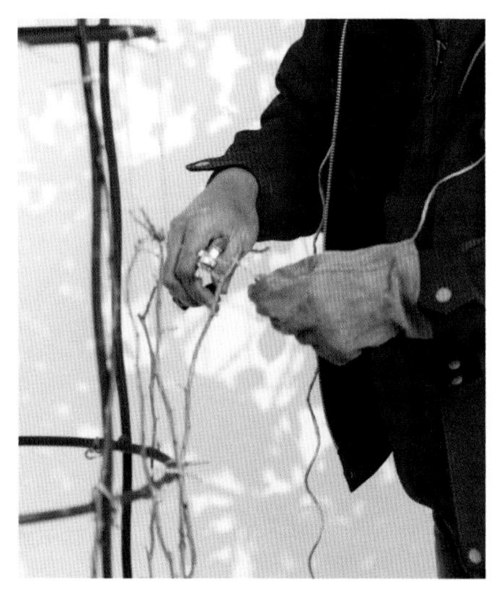

3 剩余的枝条都按照上述方法加以牵引固定。

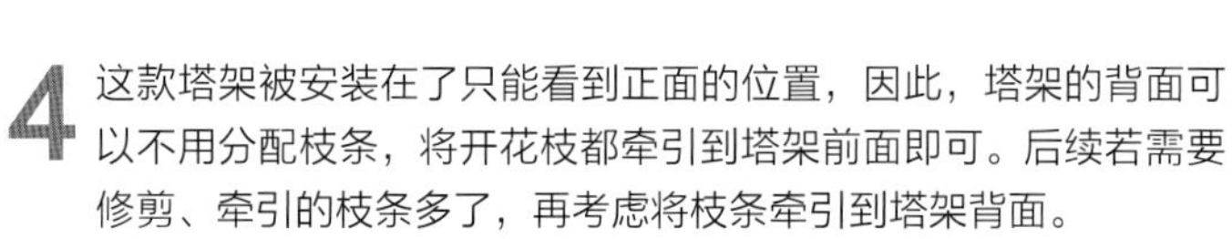

4 这款塔架被安装在了只能看到正面的位置，因此，塔架的背面可以不用分配枝条，将开花枝都牵引到塔架前面即可。后续若需要修剪、牵引的枝条多了，再考虑将枝条牵引到塔架背面。

开花状态

目前植株形态还小，等来年枝条增多了，塔架就能被绽放的花朵全覆盖了。(时间：5月25日)

养花小诀窍：在花期前后，注意观察能萌发出开花枝的枝条的粗细，这将有助于在来年修剪枝条时，正确判断出哪些枝条需要保留。

Obelisk & Choose

塔架的种类

塔架上可牵引的植物不局限于月季。盆栽植物可以搭配小型的塔架，但建议尽量选择高大的、能牢牢固定植株的款式。

塔架的大小

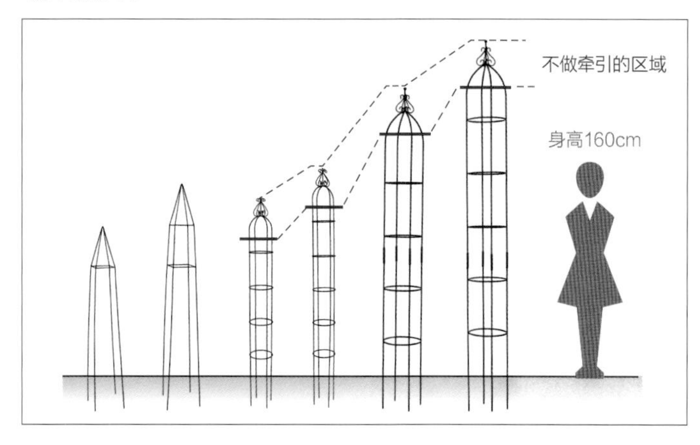

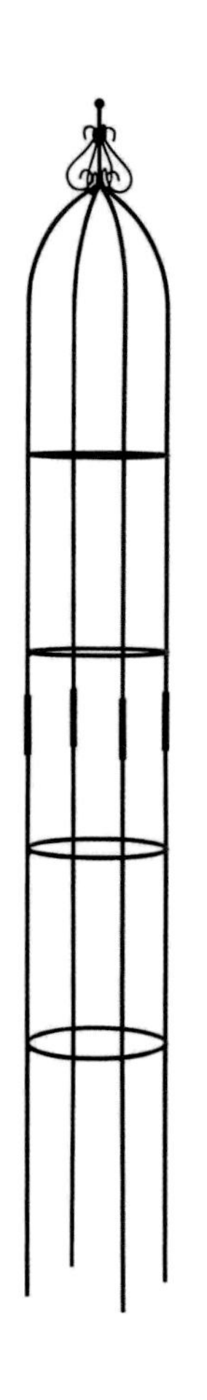

这两款花架的杆比较粗，方便进行螺旋状牵引。如果花开得较多，可将花苗栽种在塔架外侧。

C 型

尺寸：高236cm（含30cm 安装填埋高度、17cm 顶部装饰部分）× 直径30cm
材质：生铁

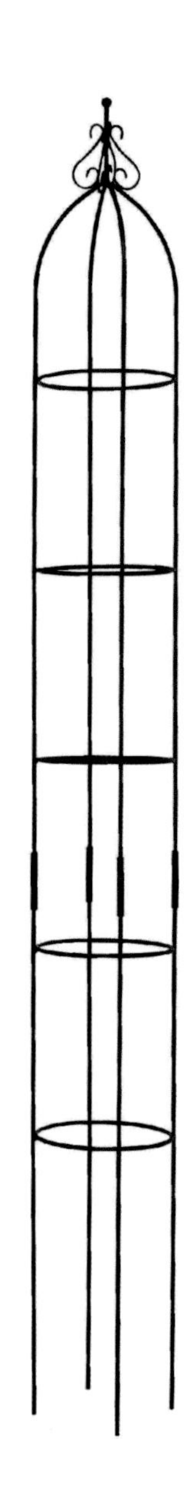

D 型

尺寸：高272cm（含30cm 安装填埋高度）× 直径32cm
材质：生铁

瘦高型的塔架，即使是长枝条也能被轻松“收纳”到花架上。注意：牵引时不要将枝条缠绕至顶部的装饰部分，将其露出来观赏效果更好。

B 型

尺寸：高180cm（含20cm 安装填埋高度）× 直径19cm
材质：生铁

A 型

尺寸：高153cm（含20cm 安装填埋高度）× 直径19cm
材质：生铁

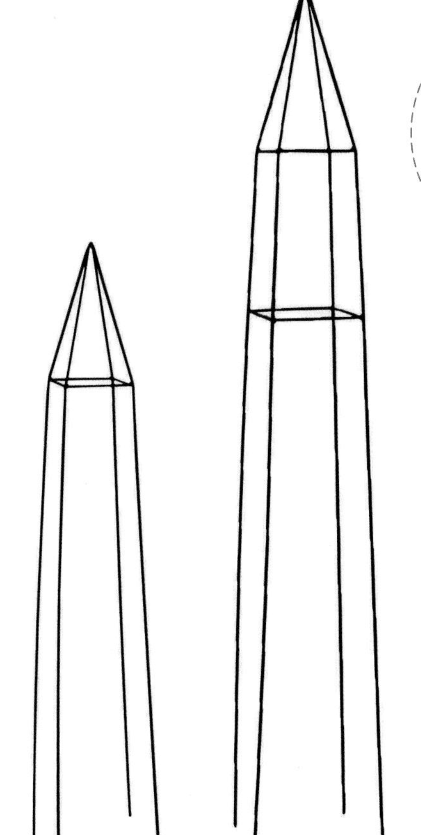

适用于盆栽植物的塔架，可以很轻松地架于盆上进行牵引。即使枝条伸入塔架内侧，也很容易抽出。

A 型

尺寸：高153cm（含20cm 安装填埋高度）× 直径19cm
材质：生铁

B 型

尺寸：高180cm（含20cm 安装填埋高度）× 直径19cm
材质：生铁

打造月季塔架的 Q & A

Q 打造月季塔架的关键是什么？

A 要想让月季在塔架上开满花，关键的一步是在冬季牵引时用前一年萌发的新枝包裹住整个塔架。操作的方法有两种：一是缠绕牵引，适合枝条纤细、柔软且容易弯曲的品种；二是绑扎牵引，适合直立性好、能萌发大量细枝且枝条能多年持续生长的品种，这样从底部就能萌发足够多的枝条，将塔架包裹在中间。另外，尽量选择开花枝较短的品种来打造塔架造型。

Q 塔架该如何选择呢？

A 月季经过多年的生长，枝条会越来越粗，如果塔架的材质柔软，则很容易变形。通常材质过轻、组装零部件较多的款式不耐用，最好选择结实的款式。另外，顶端有装饰物的塔架记得要将装饰物露出来，效果会更加华美，在实际的牵引过程中一般要预留出20cm 左右的空间。当然插入土里的部分（约30cm）也不能做牵引。

塔架的款式越矮小（如直径小于30cm、安装后的整体高度低于2m），可供选择的植物就越少。相反，直径50cm 以上、高度达3m 的塔架能适用于多数大型藤本植物。

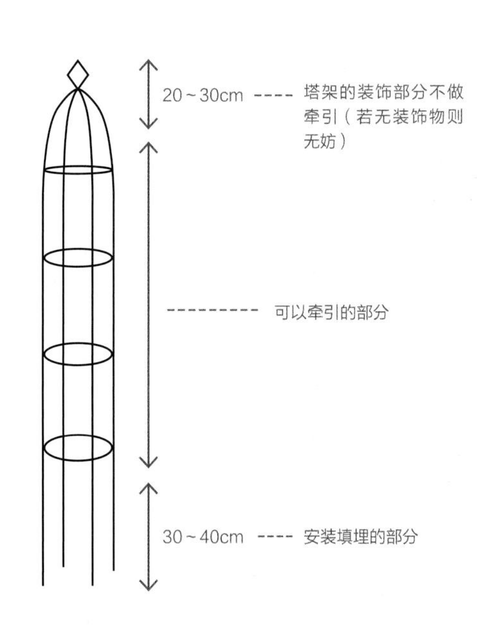

Q 月季的小苗栽种在塔架的哪个位置？

A 盆栽的月季苗一般只能种在塔架中间，因此，为了方便抽出枝条进行牵引，建议选择小型塔架。地栽的话，就将小苗栽种在距离塔架边缘15cm左右的位置，避免长枝伸入塔架中间。另外，尽可能将小苗栽种在光照好的一侧，这样可以避免枝条伸进塔架里。

Chapter 4

打造月季花格

花格可供月季在小面积上造型。
可以将多个花格并排陈列，
演绎出花屏风的华丽效果。

Trellis & Installation

安装花格

本节介绍的是盆栽中花格的安装方法。为避免出现花格与花盆尺寸不匹配的情况，建议成套购买。

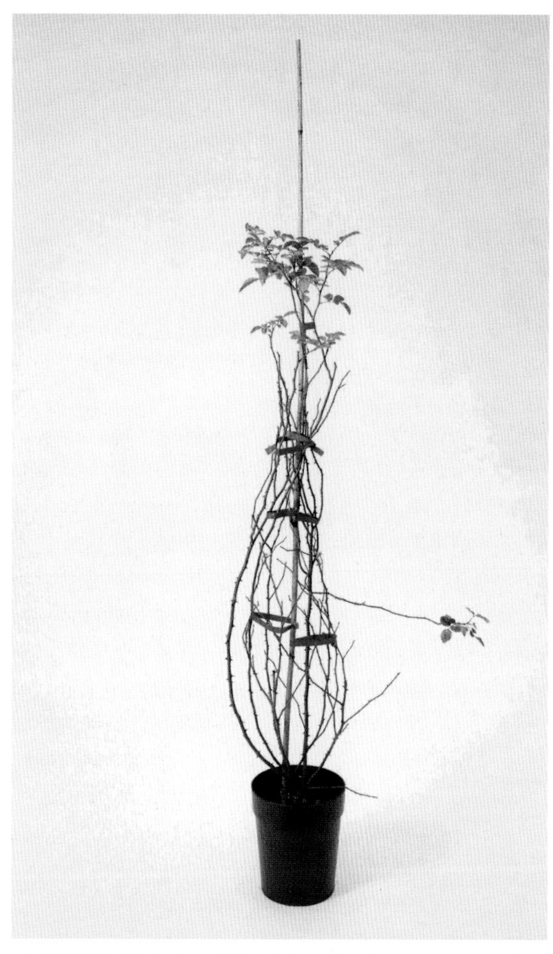

◆需要准备的物品

月季‘蓝色阴雨’长枝苗
花格
花盆
月季专用营养土
手套

将月季‘蓝色阴雨’移栽至12号盆，再进行修剪和牵引。(时间：1月12日)

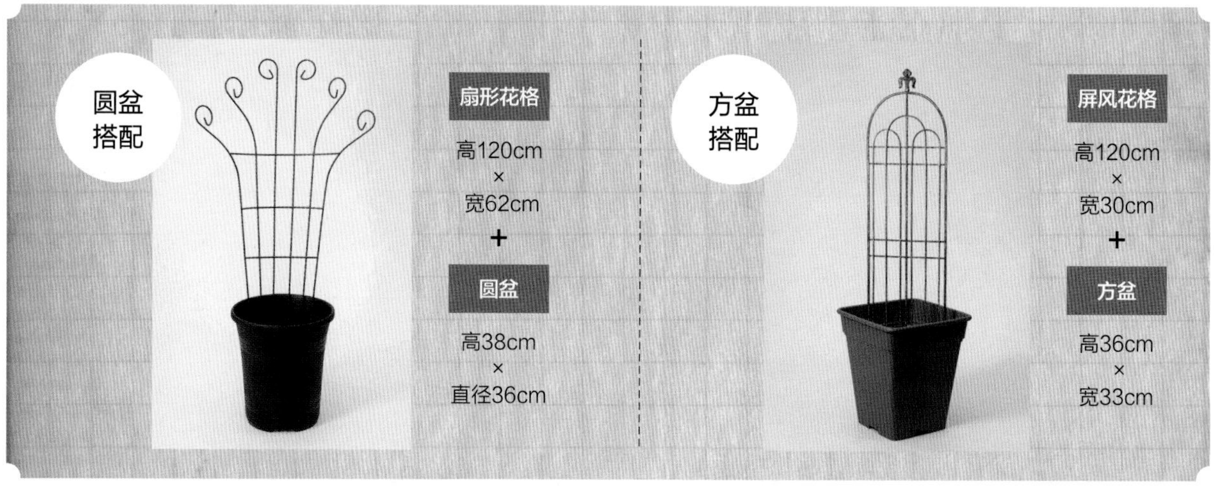

1 将月季长枝苗连盆一起放入要移栽的新盆内，预留出一定浇水空间（距离盆沿约4cm）来预估填土的高度。

2 将营养土倒入盆内，填充至原来的小盆放进去正好能与盆口齐平即可。

3 将原盆放进新盆内，再次确认填土的高度。

4 将花格插到盆底，并加以固定。

Rose & Plant

栽种月季

要让月季旺盛地生长，最重要的是舒展根系。

◆需要额外准备的物品

缓释肥

手套

1 将缓释肥倒入盆中，与土充分混合。

2 用手掌轻轻拍打长枝苗的原花盆，小心取出花苗土球。注意不要让土球破散。

3 将土球放入大盆中心，略靠近花格，再倒入营养土至盆沿，将土球彻底埋入。

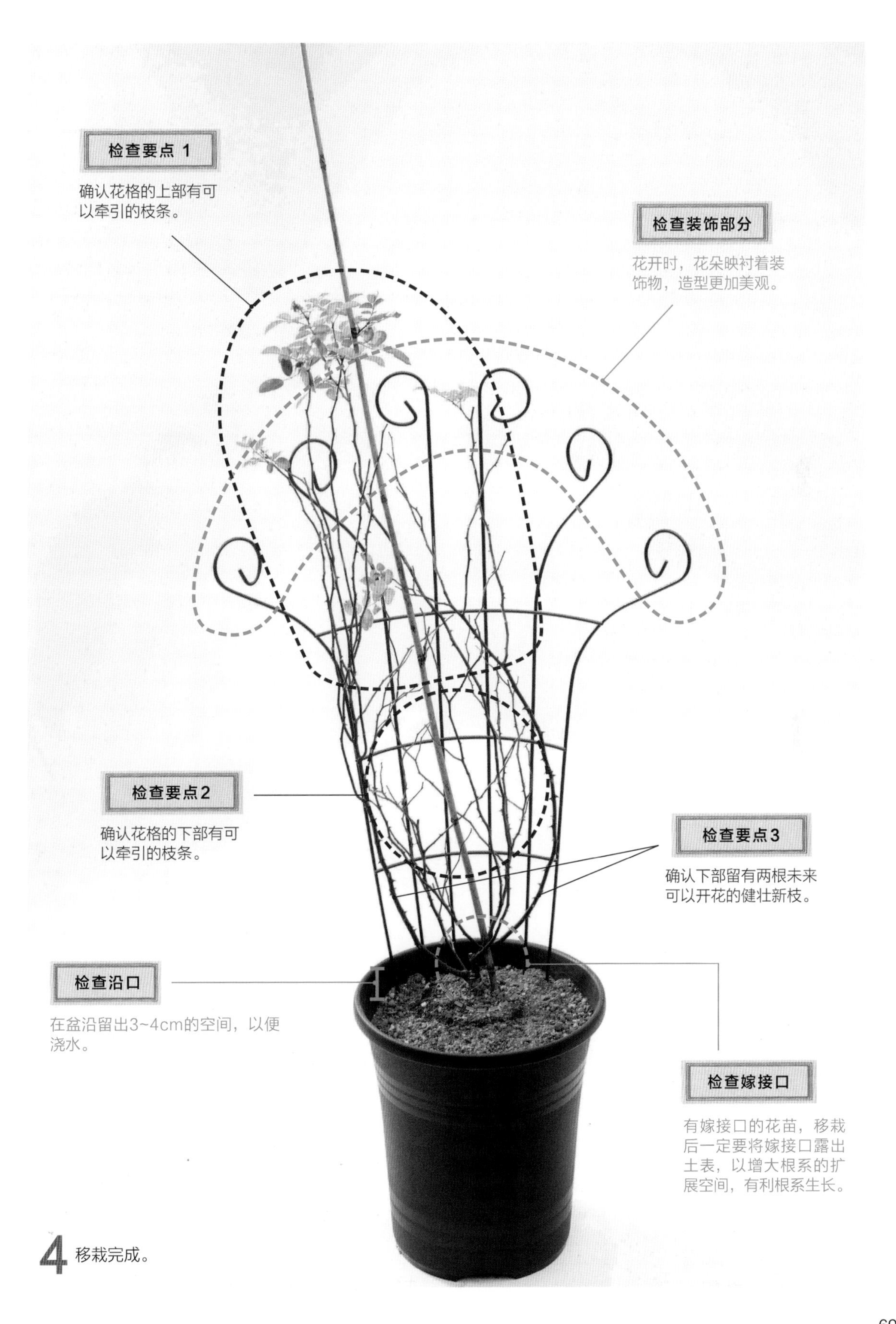
检查要点 1
确认花格的上部有可以牵引的枝条。
检查装饰部分
花开时，花朵映衬着装饰物，造型更加美观。
检查要点2
确认花格的下部有可以牵引的枝条。
检查要点3
确认下部留有两根未来可以开花的健壮新枝。
检查沿口
在盆沿留出3~4cm的空间，以便浇水。
检查嫁接口
有嫁接口的花苗，移栽后一定要将嫁接口露出土表，以增大根系的扩展空间，有利根系生长。

4 移栽完成。

Pruning & Traction

修剪和牵引月季

把开花枝均匀地分配并绑扎在花格上。植株基部也要保留一部分开花枝。

花格牵引要点

牵引的顺序

牵引时按照从植株基部到枝条顶端的顺序、粗壮新枝优先牵引的原则，依次横向牵引枝条，铺满花格。

长枝条横向牵引

藤本月季的枝条横向牵引后更易开花，因此要尽量把每一根枝条都横向牵引到花格上。

枝条不要重叠

牵引时注意不要让枝条重叠。枝条过于密集不利于通风，还容易引发病虫害。

确定牵引位置

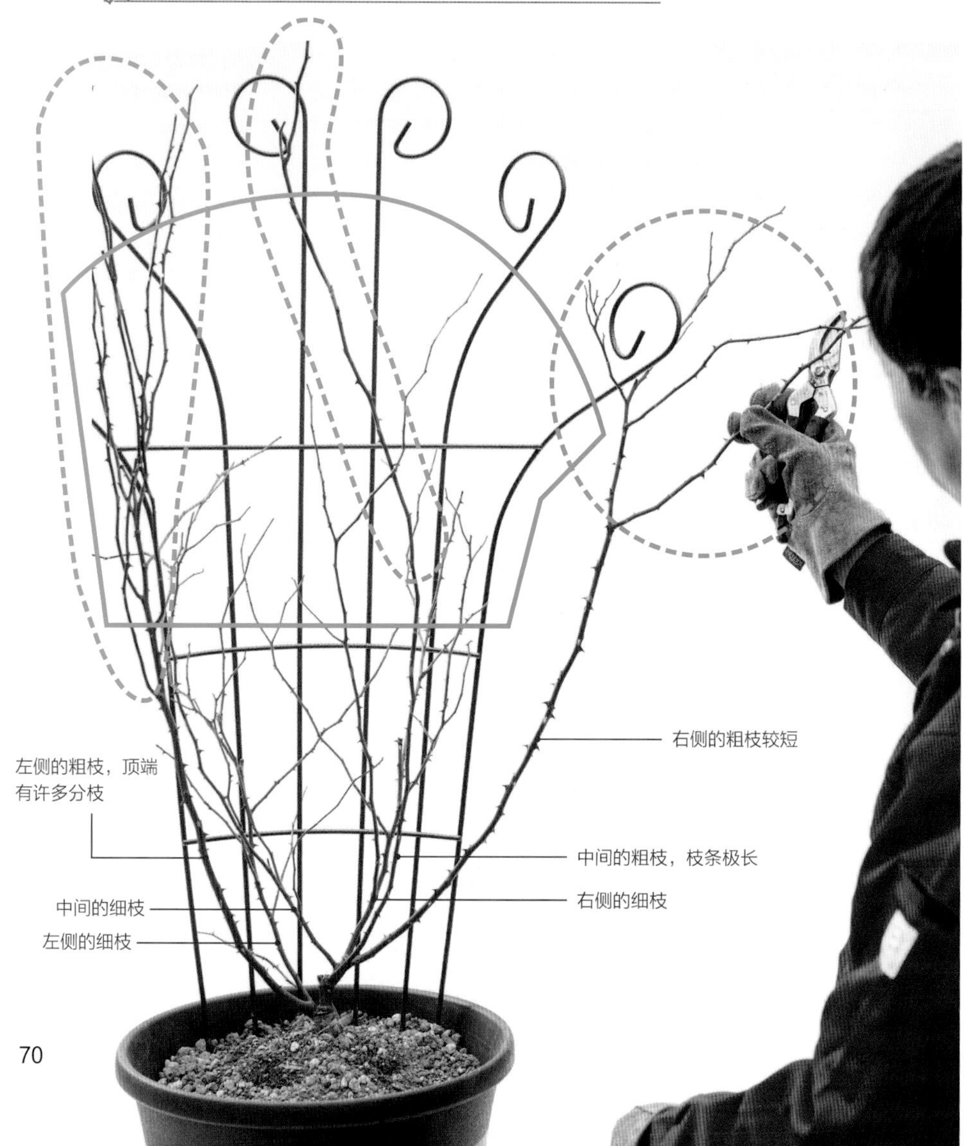

虚线框内的枝条是未来的开花枝，需要将它们牵引到实线框内。虽然‘蓝色阴雨’的细枝也能开花，但牵引还是以粗枝优先。

修剪右侧粗枝

右侧的这根粗枝无法全部绑扎到花格上，修剪了部分分枝以利于打造整体的造型。

用修枝剪在枝条分叉处将上侧的分枝剪掉。

修剪左侧粗枝

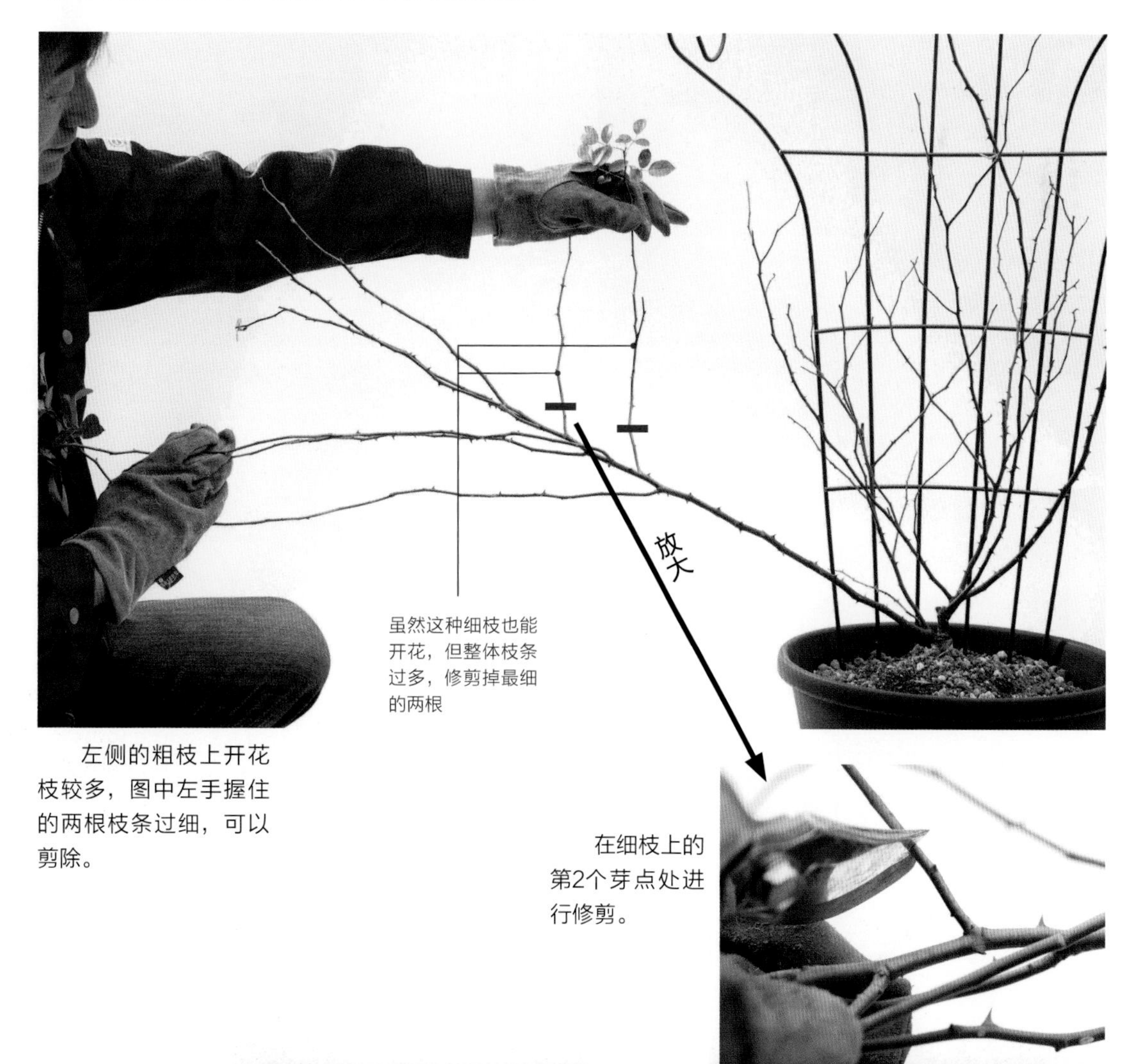

虽然这种细枝也能开花，但整体枝条过多，修剪掉最细的两根

左侧的粗枝上开花枝较多，图中左手握住的两根枝条过细，可以剪除。

在细枝上的第2个芽点处进行修剪。

牵引左侧粗枝

1 按从下往上的顺序依次牵引枝条。用麻绳先将粗枝底部固定在花格上。

2 2是粗枝的第2个绑扎点，按这个角度弯曲粗枝，枝上的所有细枝都可轻松伸展。

3 牵引图中这根细枝的关键是先将它在3处绑扎固定，再拉到4的位置进行第2次固定。若直接牵引到4的位置，枝条容易断裂。

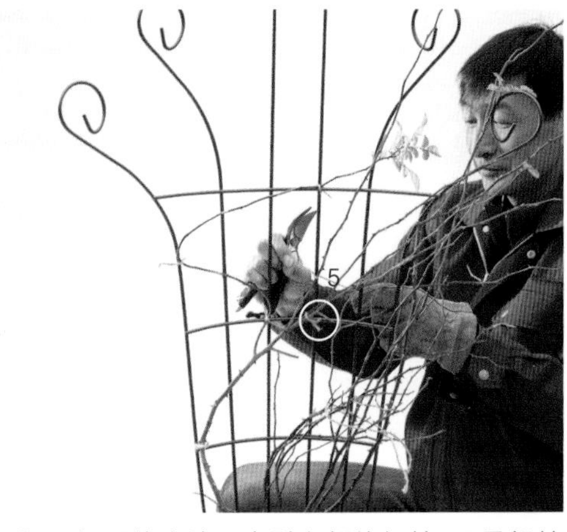

4 用相同的方法，牵引上部的细枝。5是粗枝的第3个绑扎点。

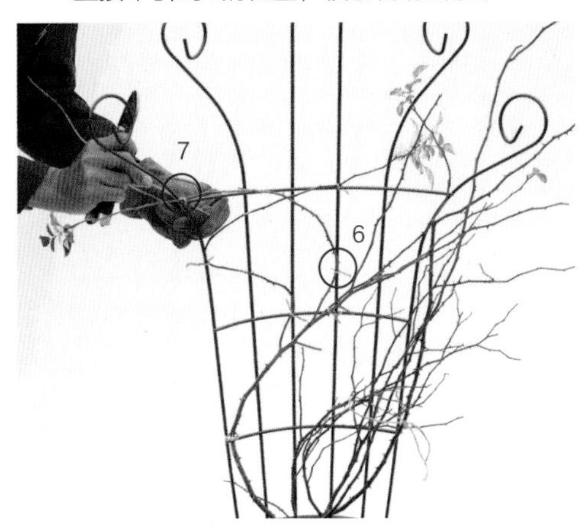

5 第2根细枝先在6的位置固定，以防折断，再横拉到7的位置，使其在此处萌发更多花芽。

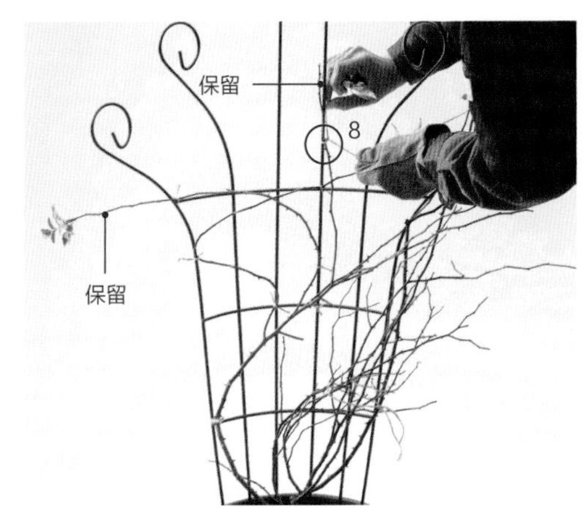

6 较短的细枝向上拉直，覆盖花格的中上方。在还不能确定整体造型前，多余的细枝暂且保留。

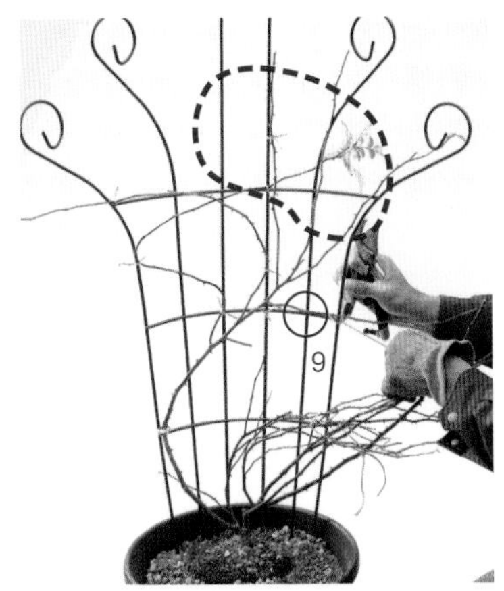

7 剩余的细枝牵引到虚线框内。依旧从枝条下侧开始牵引，在9的位置固定防止枝条断裂。

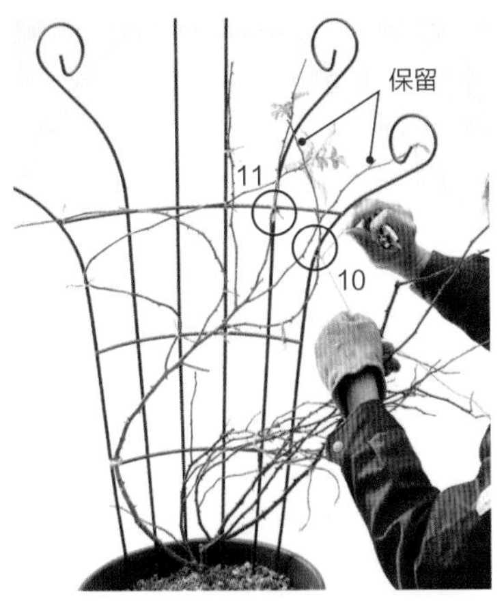

8 为了能让枝条间隔均等地舒展开来，固定剩余枝条，观察整体造型的协调性。

9 用剩余枝条覆盖整面花格。

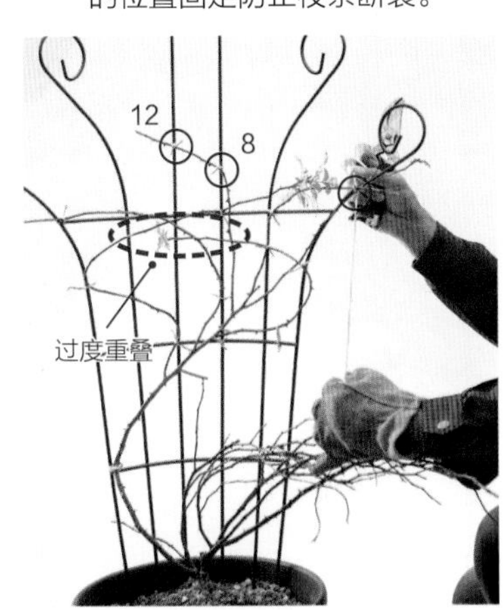

10 修剪过度重叠的枝条。

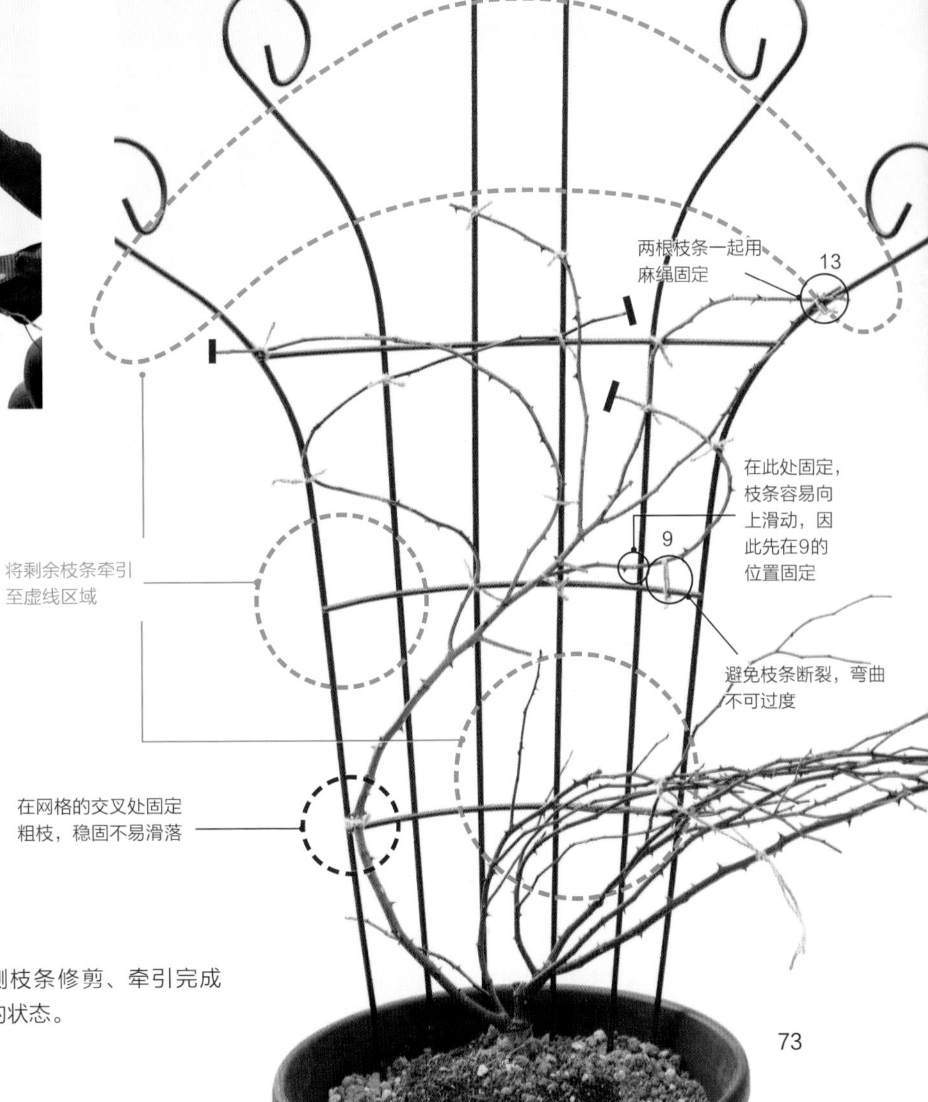

11 左侧枝条修剪、牵引完成后的状态。

修剪和牵引剩余的粗枝

1 从粗枝底部开始，在网格交叉处用麻绳固定枝条，以防止移动。

2 从底部依次往上绑扎，牵引出漂亮的弧形。

3 为防止枝条交叉，剪掉粗枝的顶端。

4 其余长枝条从剩余网格交叉处的外侧进行固定。

1 准备将这根长粗枝向上牵引，直接在2的位置进行绑扎固定。

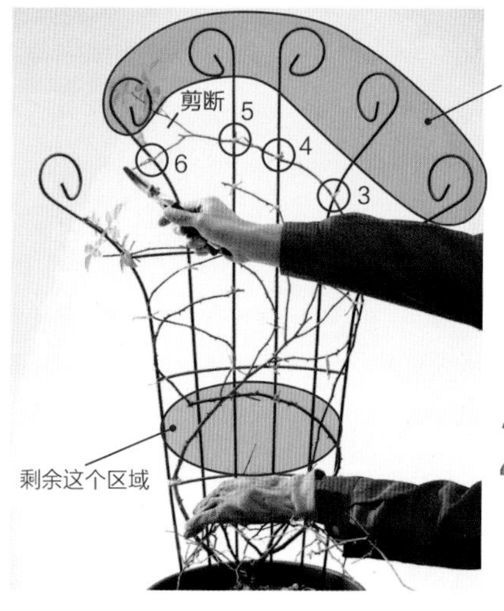

2 剩余部分依次往前固定。注意不要挡住花格的装饰部分。

修剪和牵引细枝

修剪右侧的细枝

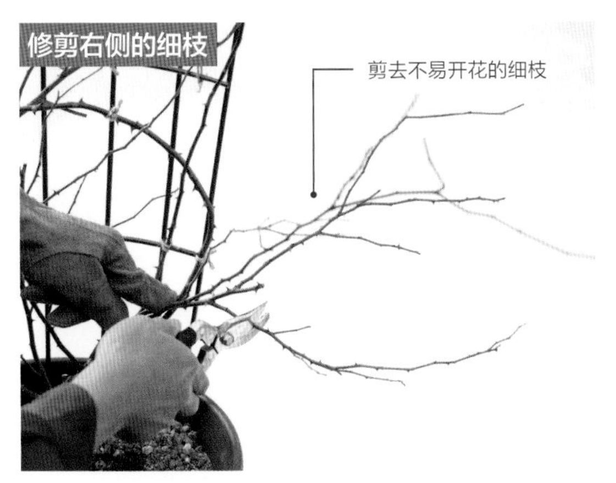

1 这根枝条分枝较多，足够盖住花格的下半部分，所以直接剪短细枝。

2 修剪完成后的状态。

修剪中间和左侧的细枝

1 按照相同的方法修剪中间和左侧的细枝。

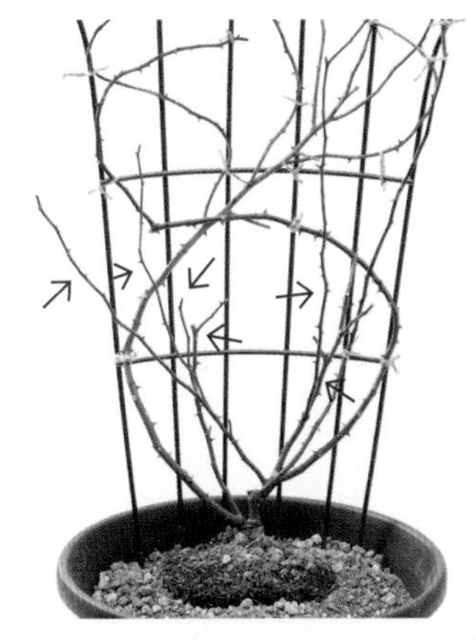

2 修剪后的样子。箭头所指的枝条是保留下来的枝条，用它们来装饰花格的下半部分。

牵引中间的细枝

1 为了把这根细枝横拉牵引，先将其靠左固定。

2 按顺序横着牵引枝条。

1 为了让1的周围能有花开，先把枝条固定在此处。

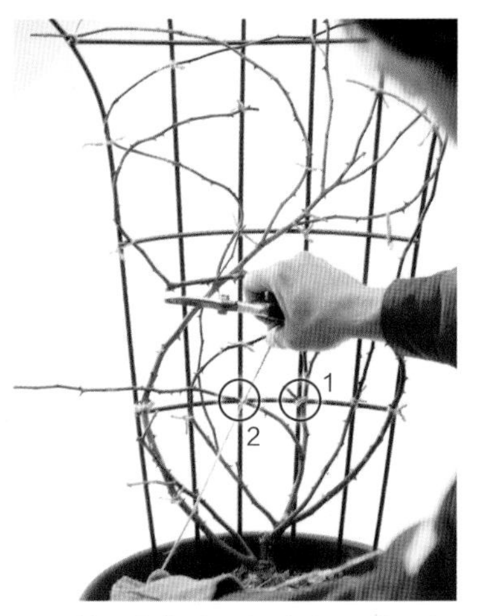

2 按顺序牵引。牵引时尽量在下部就开始横拉，可以增加花量。

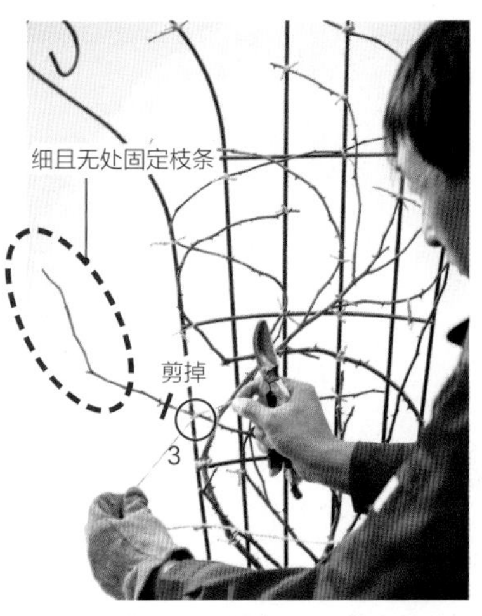

3 剪掉过细的枝条，让养分集中在切口处，以增加花量。

若要将枝条牵引至没有网格的地方，可以把枝条固定在其他粗枝上。此次牵引的目的是希望虚线区域能开满花。

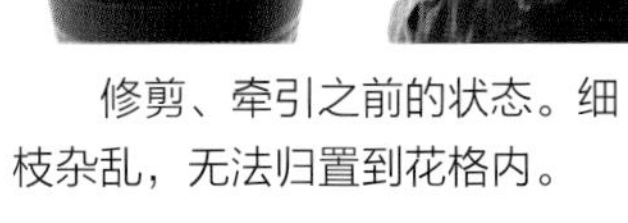

修剪、牵引之前的状态。细枝杂乱，无法归置到花格内。

⇒

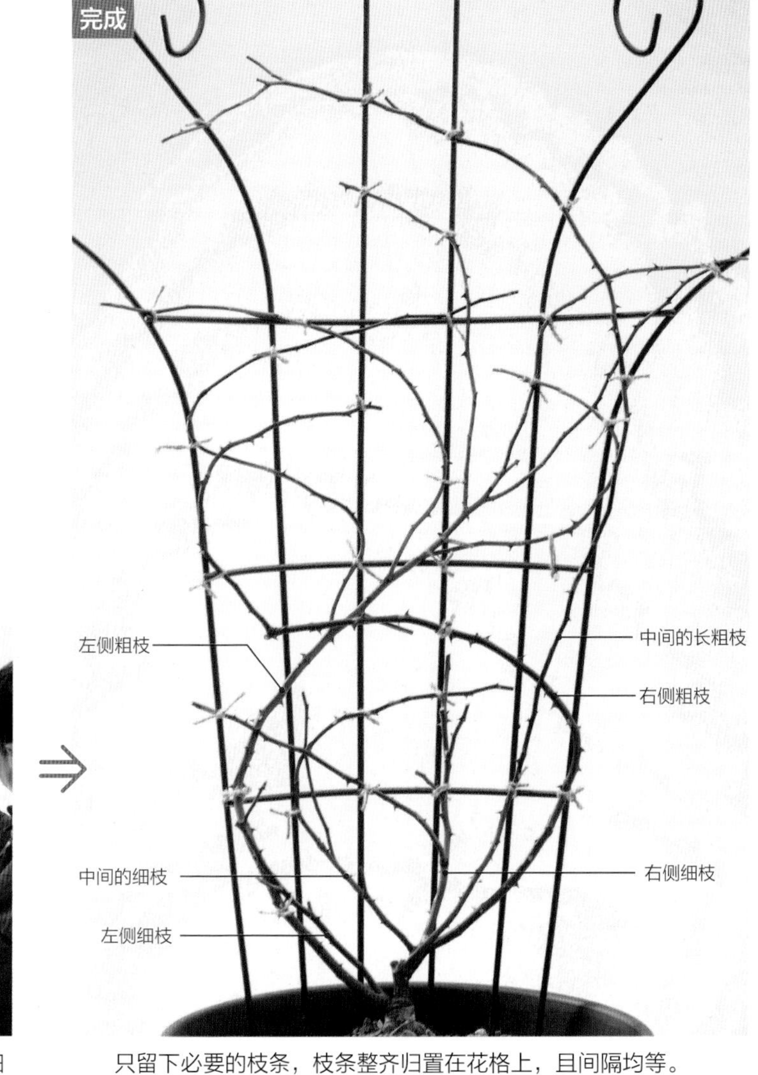

只留下必要的枝条，枝条整齐归置在花格上，且间隔均等。

开花状态

花格正面，花朵紧凑均匀地盛开。花格装饰物也点缀其间，雅致美观。（时间：5月20日）

Trellis & Choose

花格的种类

这里列举的是比较单薄，可单独用于盆栽里面的花格。若需要多片成排使用，建议搭配支柱进行固定。

适用于圆形花盆，宜搭配小型藤本月季。

A型（P66 使用款式）

尺寸：高 120cm × 宽 63cm
材质：铁质
颜色：黑色

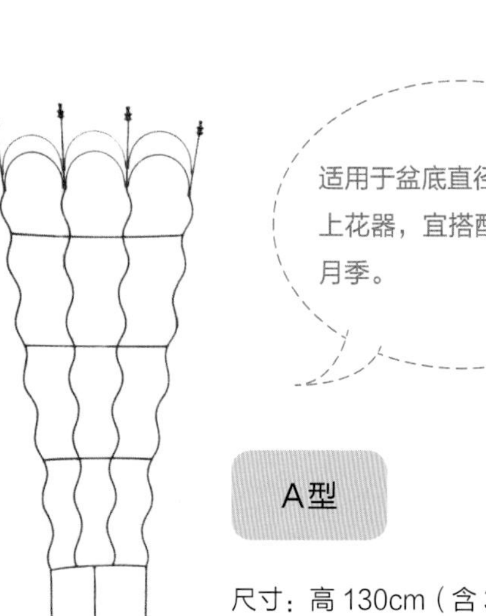

适用于盆底直径 21cm 以上花器，宜搭配小型藤本月季。

A型

尺寸：高 130cm（含 30cm 填埋安装高度）× 宽 48cm（含 21cm 填埋安装高度）× 进深 7.5cm
材质：铁质
颜色：黑色

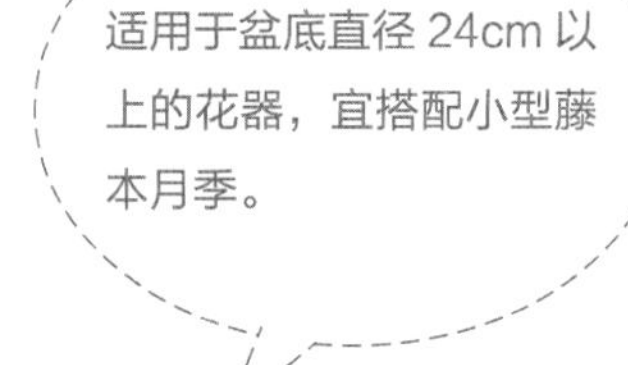

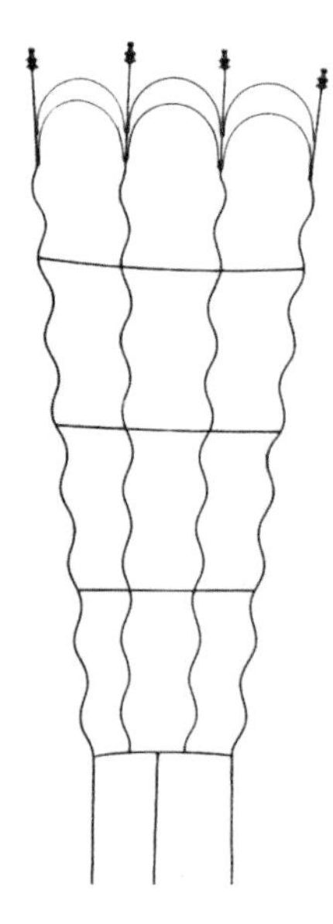

B型

尺寸：高 150cm（含 30cm 填埋安装高度）× 宽 53cm（含 24cm 填埋安装高度）× 进深 9cm
材质：铁质
颜色：黑色

适用于宽 100cm 左右的花箱。

A型

尺寸：高 150cm（含 30cm 填埋安装高度）× 宽 80cm × 进深 8cm
材质：生铁
颜色：黑色

适用于宽 50cm 左右的花箱，宜搭配小型藤本月季。

A型

尺寸：高 120cm（含 25cm 填埋安装高度）× 宽 45cm
材质：铁质
颜色：褐色

适用于宽 70cm 以上的花箱。装饰图案较多，适合搭配白色背景墙。

B型

尺寸：高 210cm × 宽 60cm
材质：铁质
颜色：黑色

适用于宽 100cm 以上的大型花箱，适合搭配中型藤本月季。

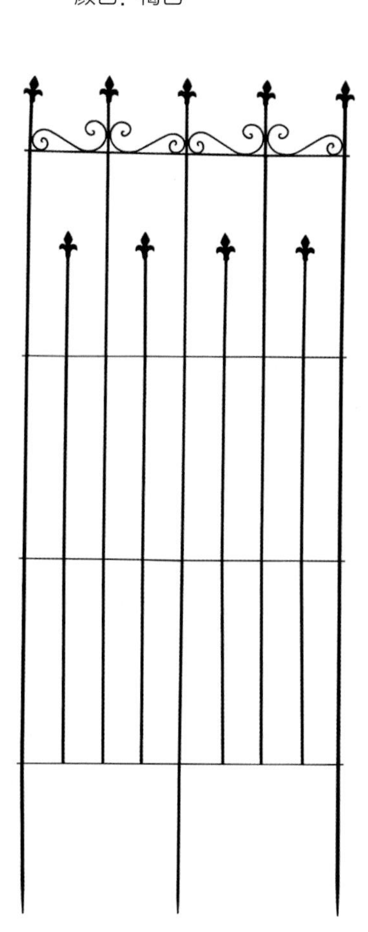

B型

尺寸：高 222cm（含 40cm 填埋安装高度）× 宽 93cm
材质：铁质
颜色：褐色

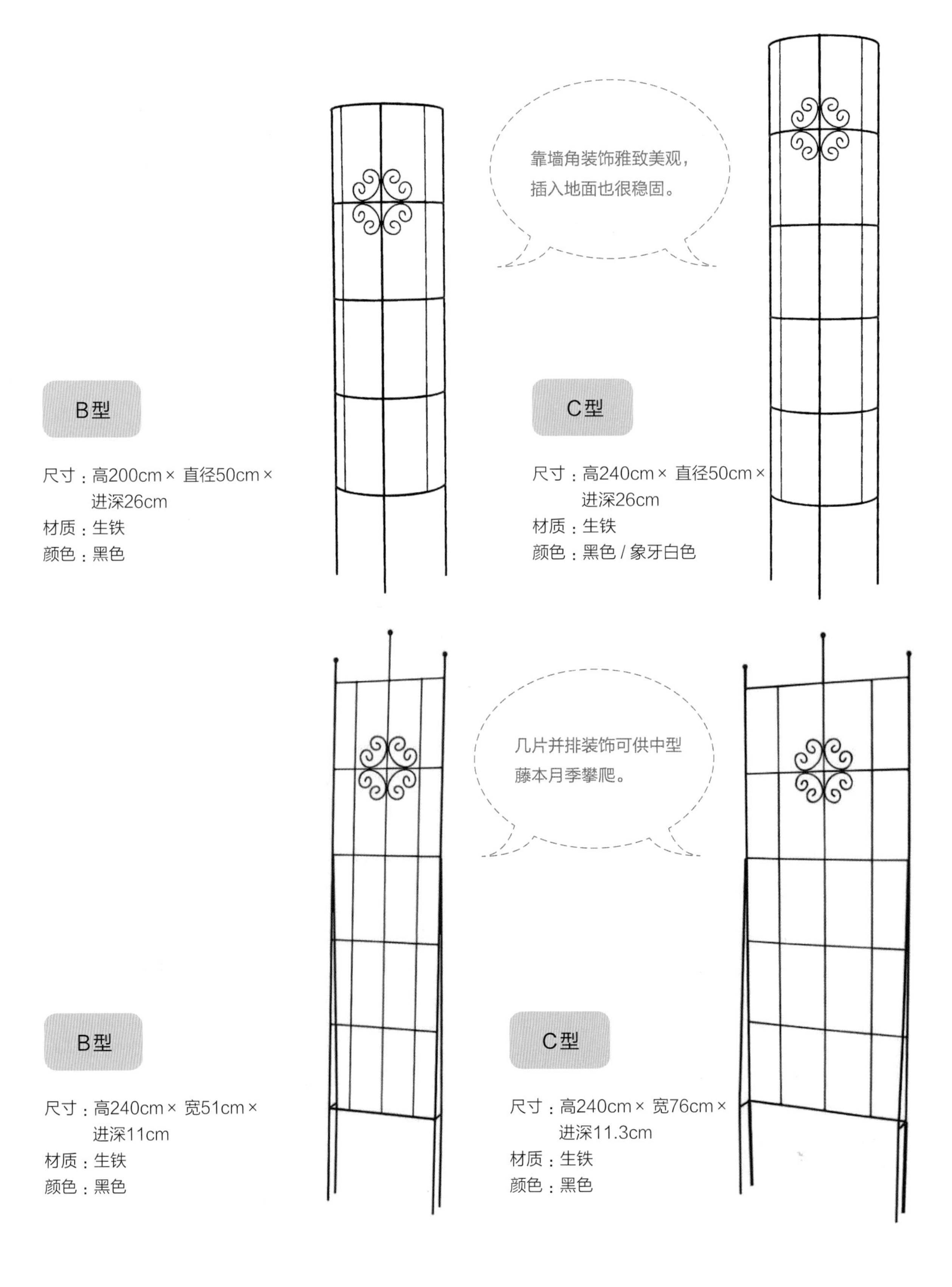

B型

尺寸：高200cm× 直径50cm×
进深26cm
材质：生铁
颜色：黑色

C型

尺寸：高240cm× 直径50cm×
进深26cm
材质：生铁
颜色：黑色 / 象牙白色

B型

尺寸：高240cm× 宽51cm×
进深11cm
材质：生铁
颜色：黑色

C型

尺寸：高240cm× 宽76cm×
进深11.3cm
材质：生铁
颜色：黑色

适用于大型花箱，宜搭配小型藤本月季。看起来像是挂在墙上的半边拱门。

B型

尺寸：高212cm（含顶部装饰部分）×宽53cm× 进深30cm
材质：生铁
颜色：黑色

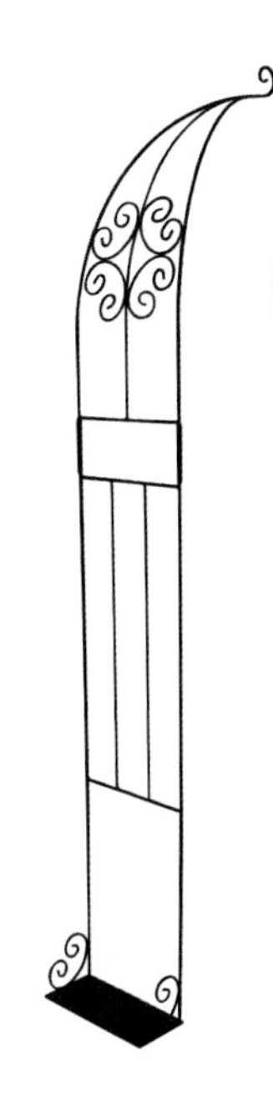

两片对称摆放可作为宽100cm左右的拱形花架使用。月季的枝条不用充分延伸到顶端也很美观。也适用于盆栽和小型藤本月季的组合。

B型

尺寸：高212cm（含顶部装饰部分）×宽53cm× 进深30cm
材质：生铁
颜色：黑色

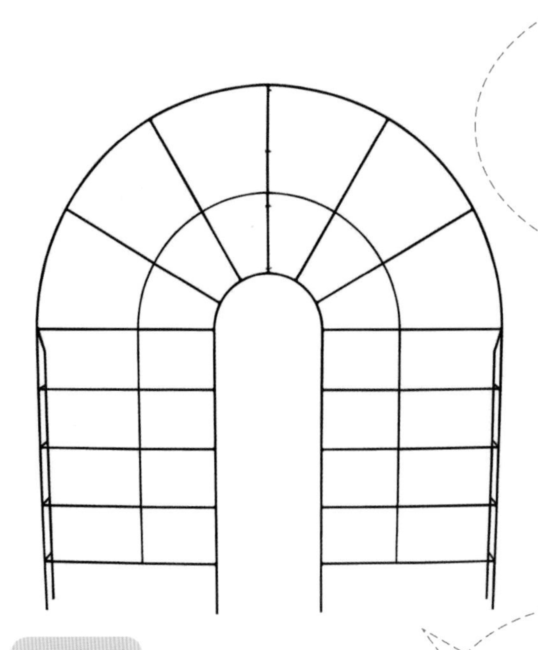

这款花架虽然可以作为拱门使用，但是中间宽度较窄，更适合靠墙而立。可在中间放置一把椅子，更加美观大方。

D型

尺寸：高217cm（内侧高度180cm）×外宽149cm（内宽77cm）× 进深11.5cm
材质：生铁
颜色：黑色

花架尺寸较大，适合搭配枝条易于横拉的丰花品种。可在中间装饰雕像，整体更显精致。

C型

尺寸：高200.5cm（含20cm 填埋安装高度）× 宽179.5cm× 进深12cm
材质：生铁
颜色：黑色

打造月季花格的 Q & A

Q　**一般推荐使用哪种类型的花格？**

A　花格装饰失败的原因大多是选用了细网格的插片。网格细窄，枝条钻入网格后很难整理，且枝条在生长变粗的过程中容易导致网格变形。因此，大型的藤本月季建议使用网格宽度在20cm 以上的花格。材质方面最好选用坚固、有韧性的铁质材料。如果是其他柔软的材料，则需要挑选网格部分较粗的款式。需要注意的是，花格上纤细的线形装饰部分越多，随着植株的生长，造型的打理更须费心。

Q　**如何使花格固定稳妥？**

A　地栽时，可用3cm 粗的铁管或园艺支柱固定花格的两端。

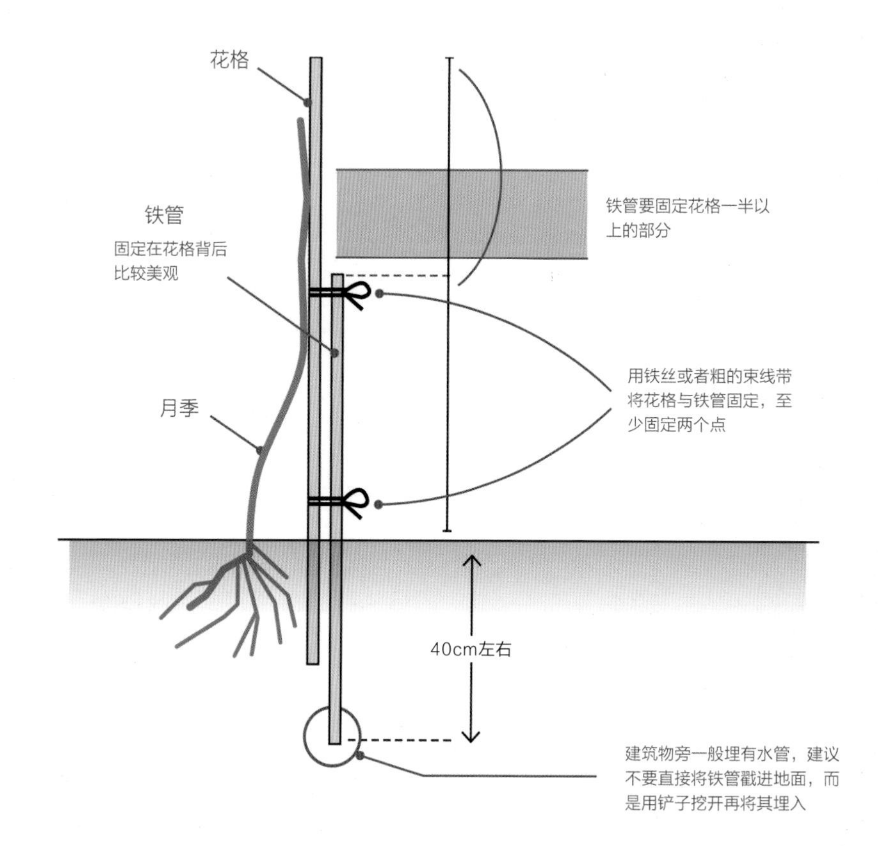

···· Chapter 5 ····

月季品种的选择方法

根据花园风格选择合适的品种，
打造出梦幻般的月季花园。

Variety & Choice

藤本月季的选择方法

曾经大型月季品种更为流行

昔日，人们甚是喜欢那些能攀爬在大型拱门或是高度超过2m的栅栏上的大型藤本月季。它们枝条强健、伸展迅速，横向牵引后花朵极易盛开，且花量极大，很快就能花铺满墙，搭配栅栏或拱门，景致颇为壮观。

但是这些大型品种的枝条不易弯曲，用它们来装饰小型栅栏或塔架难度较大。要牵引至小型攀爬架上，那些枝条纤细、不会伸展得太长且韧性佳的品种更为合适。然而，当时符合这些条件的月季品种不多。

后来，枝条柔软、一季开花的藤本月季逐渐被培育出来。其中，最具代表性的就是'梦乙女'，其他还有'希望''阿尔贝里克·巴比尔''弗朗索瓦·朱朗维尔'等。这些品种的小苗都比较纤细，但习性强健，都能健壮地生长成大苗，花朵一年一次集中簇拥而开，极为壮观美丽。夏、秋两季仅长枝条，不会开花。冬季若修剪掉过多的枝条，则来年开花较少，因此，在8月上旬前不断回剪生长枝，使植株保持小巧的姿态是非常有必要的。相反，四季开花的月季，枝条不会长得太长，在秋季也可以赏花。

然而，在健壮、易培育且四季开花的小型半藤本月季出现前，要将大型藤本月季强行牵引绑扎到小型攀爬架上以供观赏，需要一定的技术功力。

大型攀爬架适合牵引大型藤本月季。

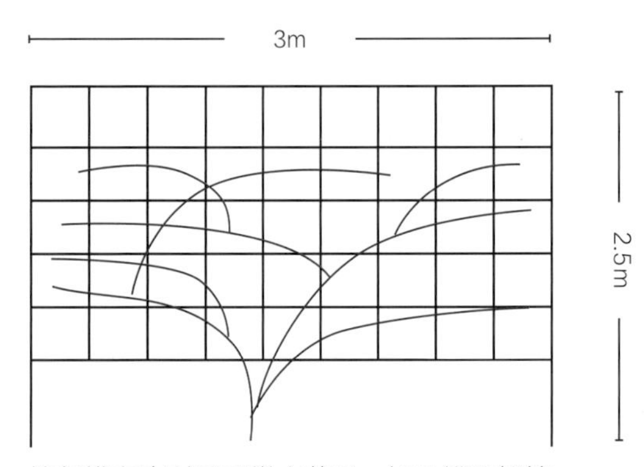

枝条横向牵引后可增大花量。如果攀爬架够大，即使是坚硬的枝条也能弯折横拉。

⇓

同品种的月季，若要牵引至小型攀爬架上，那么攀爬架至少得这么大。

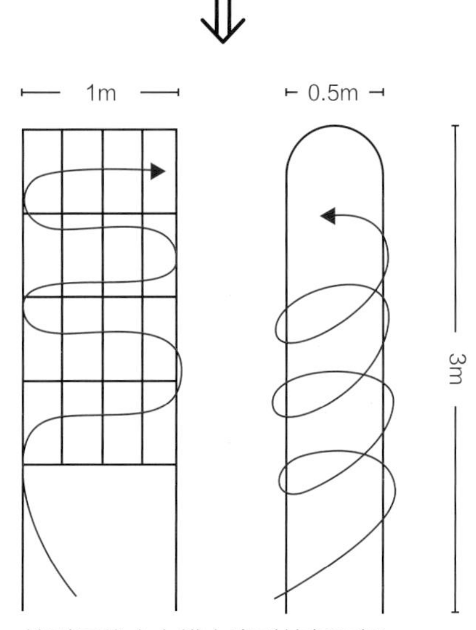

按引导线方向横向牵引枝条至栅栏或花架上。攀爬架越小，枝条弯折越费力，造型起来越有难度。

 现今流行紧凑型半藤本且四季开花的月季品种

近年来，枝条不会伸展得太长的半藤本月季，以及既能攀爬造型、又能四季开花的健壮灌木月季开始出现，它们更适合在空间有限的庭院栽种。

适合小型攀爬架的月季的特征

※ 不需要满足所有条件

半藤本或直立灌木月季适合搭配小型攀爬架。

枝条柔软

枝条要有一定的柔软度，易于弯折。

开花枝短

开花枝短，花朵可紧贴花架密集开放，整体效果更美观。

反复开花或四季开花

一季开花的品种在冬季修剪时花芽容易被剪掉，从而造成来年不开花的情况。反复开花或四季开花的品种，不管冬季如何修剪，来年都会反复开花，枝条也不会生长得过长。

纵向牵引也会开花

纵向牵引会开花的品种，横向牵引也会开花，适合搭配任何形状及大小的花架。

植株基部易爆笋枝

枝条虽短但多，花朵紧凑且大量开放。这种类型的月季，枝条纵向牵引也会开花。

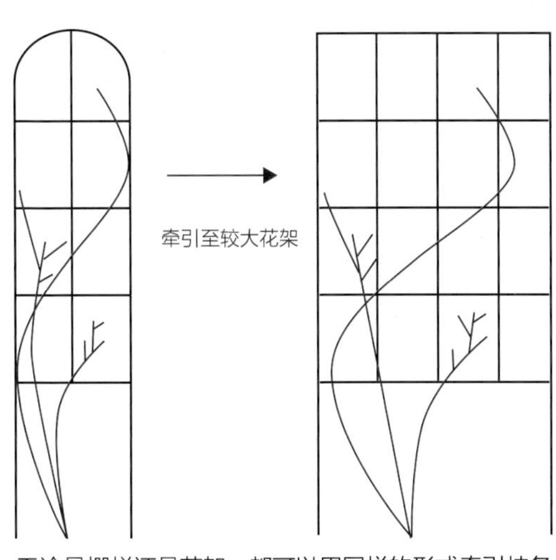

无论是栅栏还是花架，都可以用同样的形式牵引枝条。

Structure & Choice

选择合适的藤本月季和攀爬架

即便选择了喜爱的月季，但若和攀爬架不太契合，也无法打造出和谐、充满魅力的景致。这里以拱门为例，介绍根据攀爬架选择合适的藤本月季的方法，希望能对您有所帮助。

选择的基本方法

- 选择即便经过10年以上的生长，也能和攀爬架大小契合的品种。
- 选择靠近地面就开始开花，能将攀爬架完全盖住的品种。

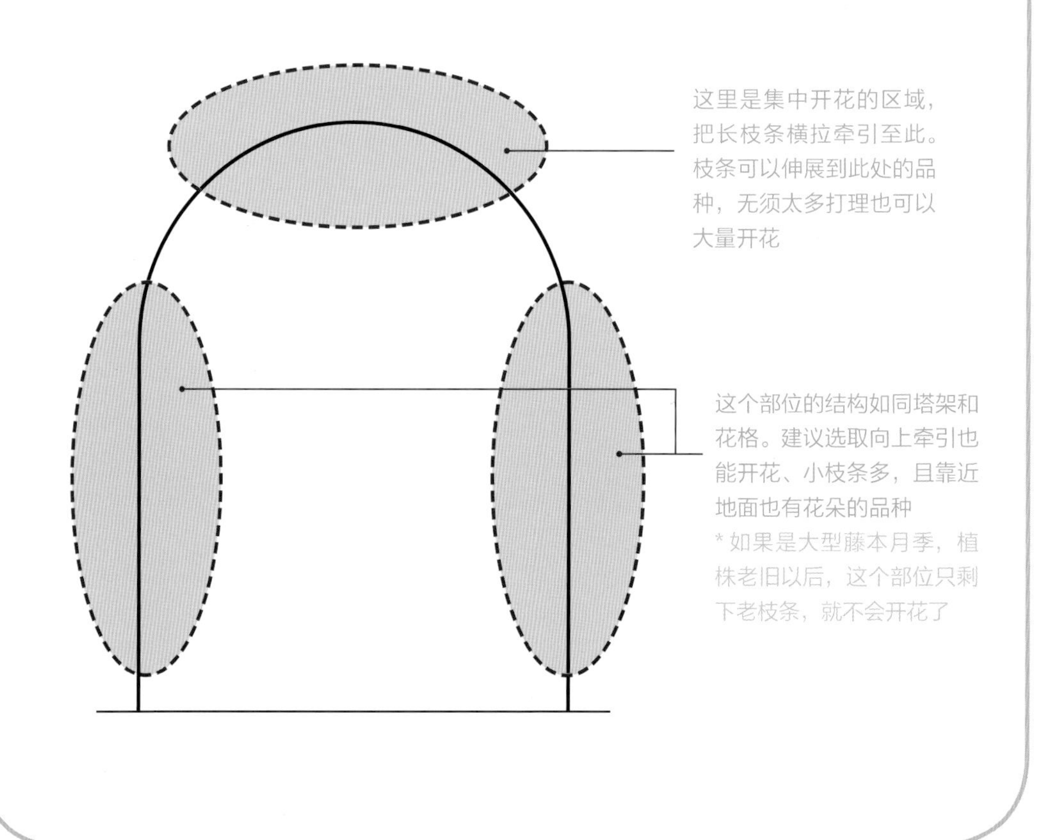

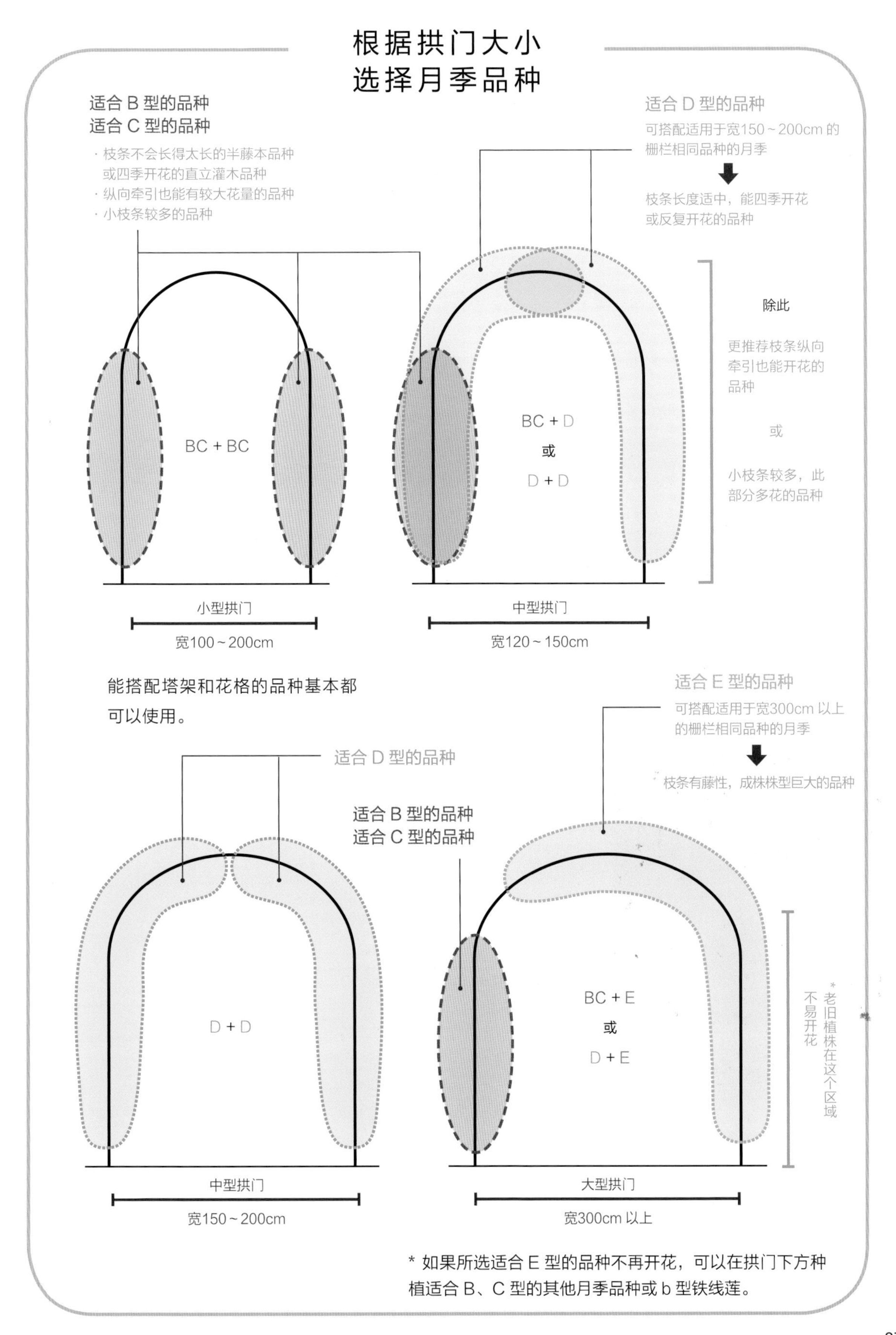
根据拱门大小
选择月季品种
适合 B 型的品种
适合 C 型的品种
· 枝条不会长得太长的半藤本品种
或四季开花的直立灌木品种
· 纵向牵引也能有较大花量的品种
· 小枝条较多的品种
适合 D 型的品种
可搭配适用于宽150～200cm 的
栅栏相同品种的月季
枝条长度适中，能四季开花
或反复开花的品种
除此
更推荐枝条纵向
牵引也能开花的
品种
或
小枝条较多，此
部分多花的品种
BC + BC
BC + D
或
D + D
小型拱门
宽100～200cm
中型拱门
宽120～150cm
能搭配塔架和花格的品种基本都
可以使用。
适合 D 型的品种
适合 B 型的品种
适合 C 型的品种
适合 E 型的品种
可搭配适用于宽300cm 以上
的栅栏相同品种的月季
枝条有藤性，成株株型巨大的品种
D + D
BC + E
或
D + E
*老旧植株在这个区域
不易开花
中型拱门
宽150～200cm
大型拱门
宽300cm 以上
* 如果所选适合 E 型的品种不再开花，可以在拱门下方种
植适合 B、C 型的其他月季品种或 b 型铁线莲。

攀爬架类型确认表

	盆栽		地栽			
	A 型	B 型	C 型	D 型	E 型	F 型
拱门		间宽 100～120cm	间宽 100～120cm	间宽 120～150cm	间宽 150～200cm	
塔架 * 有效高度＝全长－填埋安装高度－（装饰物长度＋10cm）	有效高度 90～110cm	有效高度 110～140cm	有效高度 140～180cm	有效高度 180～220cm	有效高度 220cm 以上	
栅栏				H180cm× W（200～300）cm	H200cm× W（300～500）cm	H120cm× W（300～400）cm
花格	H（60～100）cm× W（50～80）cm	H（100～150）cm× W（50～90）cm	H（180～200）cm× W（50～90）cm	H（180～200）cm× W（90～150）cm		

H：高度（除去掩埋安装高度和装饰物高度）
W：宽度

品种图鉴的解读说明

分类（系统）

S：灌木月季（Shrub Rose）。枝条具有半藤本性，生长旺盛可藤本化，也可作为树形月季栽种。
CL：藤本月季（Climbing Rose）。一定会长出有藤性的粗枝（不适合作为树形月季栽种）。
R：蔓生月季（Rambler Rose）。一定会长出纤细柔软的长枝条（本次选取一季开花的品种），细枝也会长成粗枝条。
HT：杂交茶香月季（Hybrid Tea Rose）。无藤性枝条，多为大花型、四季开花的直立灌木月季。
F：丰花月季（Floribunda Rose）。无藤性枝条，多为中花型、四季开花的直立灌木月季。
SF：柔性丰花月季（Soft Floribunda Rose）。无藤性枝条，多为中花型、四季开花的直立灌木月季。枝条较柔软，可以牵引、造型。
M：微型月季（Miniature Rose）。无藤性枝条，多为小花型、四季开花的直立灌木月季。
SM：柔性微型月季（Soft Miniature Rose）。无藤性枝条，多为小花型、四季开花的直立灌木月季。枝条柔软，可以牵引、造型。

开花性

四季开花：春、夏、秋季开花（气候温暖且有光照的地方，冬季也可以开花）。
一季开花：只在春季开花。
反复开花：春季开花，夏、秋两季花朵也可少量开放。

月季品种一览表

页码	品种名	颜色	分类	开花性	香味	推荐种植指数	盆栽			地栽			
							拱门	塔架	花格	拱门	塔架	花格	栅栏
92	‘浪漫艾米’	粉色	CL	四季开花	中香	●●	B	B	B	C	CD	C	
	‘安吉拉’	粉色	S	反复开花	微香	●●	B	B	B	DE	DE		E
	‘奥利维亚·罗斯·奥斯汀’	粉色	S	反复开花	中香	●●				C		C	
93	‘格特鲁德·杰基尔’	粉色	S	反复开花	强香	●●●	B	B	B	CD	CD		EF
	‘樱衣’	粉色	S	反复开花	微香	●●	B	B	B	CD	CD	C	D
	‘夏日清晨’	粉色	SF	四季开花	微香	●●		AB	AB		C	C	
94	‘亚斯米娜’	粉色	CL	反复开花	微香	●●●	B		B	E	E		E
	‘夏莉玛’	粉色	F	四季开花	中香	●●●		B		C	C	C	
	‘灰姑娘’	粉色	S	反复开花	微香	●●		B	B	C	D	C	
95	‘西班牙美女’	粉色	CL	一季开花	强香	●●●				E	E		E
	‘藤本历史’	粉色	CL	一季开花	微香	●●●				E	E		E
	‘藤本悠莱’	粉色	CL	四季开花	弱香	●●●		B	B	CD	CD	C	D
96	‘新曙光’	粉色	S	反复开花	弱香	●●●				D	D		E
	‘羽衣’	粉色	CL	反复开花	弱香	●●●				E	E		E
	‘快乐足迹’	粉色	SM	四季开花	微香	●●		A	A				
97	‘春风’	粉色	CL	一季开花	微香	●●●				DE	DE		EF
	‘汉斯·戈纳文’※	粉色	S	四季开花	微香	●●			AB	D	C	C	D
	‘龙沙宝石’	粉色	S	反复开花	微香	●●●				DE	DE		DE
98	‘贝弗利’※	粉色	HT	四季开花	强香	●●●		B	B	D	CD	C	E
	‘粉红漂流’※	粉色	SM	四季开花	微香	●●●			A				
	‘亮粉绝代佳人’※	粉色	F	四季开花	微香	●●	B	B	B	CD	CD	C	D
99	‘弗朗索瓦·朱朗维尔’	粉色	R	一季开花	中香	●●●	B※	AB※	AB※	CD※ E	CD※ E	C※	D※ EF
	‘堡利斯香水’	粉色	S	反复开花	中香	●●●	B	B	B	D	D		DF
	‘公主面纱’※	粉色	F	四季开花	强香	●●		B		C	C	C	
100	‘福禄考宝贝’	粉色	M	四季开花	微香	●●			A				

※此类品种在种下的前两年很难长出长枝条，不宜强行牵引。任其自然生长，摘掉第2轮花以后的花蕾，这样更容易长出长枝。

※为了维持小巧的株型，在夏季之前进行修剪，让在冬季进行牵引的枝条在秋季充分伸展。

页码	品种名	颜色	分类	开花性	香味	推荐种植指数	盆栽			地栽			
							拱门	塔架	花格	拱门	塔架	花格	栅栏
	‘佩内洛普’	粉色	S	四季开花	强香	🔰🔰	B	B	B	CD	CD	C	
	‘保罗的喜马拉雅麝香’	粉色	R	一季开花	弱香	🔰🔰🔰	B※	AB※	AB※	CD※E	CD※E	C※	D※EF
101	‘玛丽娅·特蕾莎’	粉色	S	四季开花	微香	🔰🔰🔰	B	B	B	D	D	C	
	‘玛丽·亨丽埃特’	粉色	S	反复开花	强香	🔰🔰🔰				C	C	C	D
	‘芽衣’	粉色	CL	一季开花	微香	🔰🔰🔰	B	A※B	A※B	CD	C	C	CF
102	‘莫蒂默·赛克勒’	粉色	S	反复开花	中香	🔰🔰				D	CD	C	D
	‘可爱玫兰’※	粉色	SF	四季开花	微香	🔰🔰		A	A				F
	‘光柱’	粉色	S	反复开花	中香	🔰🔰				D	CD		DE
103	‘粉色达·芬奇’※	粉色	S	反复开花	微香	🔰🔰		B	AB	CD	CD	C	DE
	‘蓬巴杜玫瑰’	粉色	S	四季开花	强香	🔰🔰🔰			B	DE			E
	‘斯帕里肖普玫瑰村’※	粉色	S	四季开花	微香	🔰🔰				D	CD	C	DE
104	‘乌尔姆敏斯特大教堂’	红色	CL	四季开花	微香	🔰🔰		B	B	DE	D		DE
	‘鸡尾酒’	红色	S	四季开花	微香	🔰🔰🔰	B	B	B	DE	DE	C	DE
	‘坎迪亚·玫迪兰’※	红色	SF	四季开花	微香	🔰🔰🔰		A	A				
105	‘戴安娜伯爵夫人’※	红色	S	四季开花	中香	🔰🔰🔰				DE	DE		E
	‘红玉’	红色	CL	一季开花	微香	🔰🔰🔰	B	AB	AB	CD	CD	C	DF
	‘爱玫胭脂’※	红色	S	四季开花	微香	🔰🔰				D	D	C	E
106	‘绝代佳人’※	红色	F	四季开花	微香	🔰🔰	B	B	B	CD	CD	C	D
	‘弗洛伦蒂娜’	红色	CL	反复开花	微香	🔰🔰🔰	B	B	B	DE	DE		E
	‘红色达·芬奇’※	红色	S	四季开花	微香	🔰🔰🔰		A	A	CD	CD	C	DE
107	‘小红帽’※	红色	S	四季开花	微香	🔰🔰		AB	B	D	D		E
	‘橘园’	橙色	CL	反复开花	微香	🔰🔰		AB	B	C	C	C	D
	‘苏茜’	橙色	CL	四季开花	强香	🔰🔰🔰	B	B	B	CD	C	C	DE
108	‘星星猎手’	橙色	S	反复开花	微香	🔰🔰				C	C		DE
	‘翠鸟’	棕色	S	反复开花	强香	🔰🔰	B	B	B	C	C	C	D
	‘法国礼服’	棕色	S	反复开花	微香	🔰🔰		B	B	C	C	C	D
109	‘伊鲁米娜’	黄色	S	反复开花	微香	🔰🔰🔰	B	B	B	CDE	CDE	C	DEF
	‘卡尔·普罗波格’	黄色	S	反复开花	中香	🔰🔰		B			D		DE

※此类品种在种下的前两年很难长出长枝条，不宜强行牵引。任其自然生长，摘掉第2轮花以后的花蕾，这样更容易长出长枝。
※为了维持小巧的株型，在夏季之前进行修剪，让在冬季进行牵引的枝条在秋季充分伸展。

页码	品种名	颜色	分类	开花性	香味	推荐种植指数	盆栽			地栽			
							拱门	塔架	花格	拱门	塔架	花格	栅栏
	‘快拳’※	黄色	F	四季开花	中香	🔰		AB	B	CD	C	C	DE
110	‘笑脸’	黄色	CL	反复开花	微香	🔰🔰🔰	B	B	B	DE	DE		E
	‘索莱罗’※	黄色	SF	四季开花	中香	🔰🔰		AB	A	C	C	C	F
	‘藤本金兔子’	黄色	CL	一季开花	微香	🔰🔰				DE	DE		E
111	‘藤本和平’	黄色	CL	一季开花	微香	🔰🔰🔰				E			E
	‘芭思希芭’	黄色	S	反复开花	中香	🔰🔰		B	B	D	DE		DE
	‘浪漫丽人’	黄色	S	反复开花	中香	🔰🔰	B	AB	B	CD	CD	C	E
112	重瓣黄木香	黄色	R	一季开花	中香	🔰🔰🔰	B※	AB※	AB※	CD※ E	CD※ E	C※	D※ EF
	‘柠檬酒’※	黄色	SF	四季开花	微香	🔰🔰		A	A		C	C	F
	‘爱的气息’	紫色	S	反复开花	强香	🔰🔰🔰	B	B	B	C	CD		DE
113	‘永恒蓝调’	紫色	S	反复开花	中香	🔰🔰🔰	B	B	B	C	CD	C	D
	‘青空’	紫色	S	四季开花	中香	🔰🔰		AB	AB	C	CD	C	D
	‘蓝色阴雨’※	紫色	S	四季开花	微香	🔰🔰		A	A	C	C	C	F
114	‘阿尔贝里克·巴比尔’	白色	R	一季开花	中香	🔰🔰🔰	B※	AB※	AB※	CD※ E	CD※ E	C※	D※ EF
	‘淡雪’	白色	S	反复开花	微香	🔰🔰		A	A	C	C	C	F
	‘伽罗奢’	白色	S	反复开花	微香	🔰🔰🔰		A	A	C	C	C	F
115	‘绿冰’※	白色	SM	四季开花	微香	🔰🔰		A	A				
	‘克里斯蒂娜’	白色	S	反复开花	强香	🔰🔰🔰	B	B	B	CD	CD	C	E
	‘星河’※	白色	S	反复开花	中香	🔰🔰				C	C	C	
116	‘夏日回忆’	白色	S	四季开花	微香	🔰🔰			B	D		C	DE
	‘新雪’	白色	CL	反复开花	微香	🔰🔰🔰				E			E
	‘藤本冰山’	白色	CL	一季开花	微香	🔰🔰🔰				E			E
117	‘香草伯尼卡’	白色	S	四季开花	微香	🔰🔰🔰			A	D	CDE		E
	‘白色龙沙宝石’	白色	S	反复开花	微香	🔰🔰🔰				DE	DE		DE
	‘紫晶巴比伦’	双色	S	反复开花	微香	🔰🔰		A	A	C	C	C	C
118	‘卡米洛特’	双色	CL	反复开花	中香	🔰🔰🔰		B	AB	E	DE	C	EF
	‘撒哈拉 98’	双色	S	四季开花	微香	🔰🔰	B	B		DE	DE		E
	‘弗朗索瓦·巴尼约’	双色	S	反复开花	微香	🔰🔰	B	AB	B	CD	CD	C	DF

※此类品种在种下的前两年很难长出长枝条，不宜强行牵引。任其自然生长，摘掉第2轮花以后的花蕾，这样更容易长出长枝。
※为了维持小巧的株型，在夏季之前进行修剪，让在冬季进行牵引的枝条在秋季充分伸展。

‘浪漫艾米’

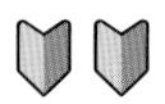

花色迷人、花姿优雅，盛开时散发扑鼻的香气。开花枝很短，打造成藤本造型十分美观，剪下来做成切花观赏也特别可爱。

花朵直径：7~8cm
树高（含枝条伸展长度）：1.5~2m
育种信息：玫兰国际月季公司（法国），2010年
寒带或高寒地带的攀爬效果：难以伸展

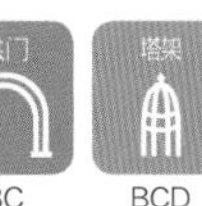

分类	开花性	香味	拱门	塔架	花格
CL	四季开花	中香	BC	BCD	BC

‘安吉拉’

色彩华丽的小型花朵成串簇拥开放。植株强健，开花不断，是园艺新手也能轻松种植的人气品种。也可通过冬季修剪，使其同树形月季一样开花，是一款用途广泛的月季。植株基部冒出的粗壮笋枝也会生出花蕾。盆栽的话，开花时须适时浇水。

花朵直径：4~5cm
树高（含枝条伸展长度）：2~4m
育种信息：科德斯月季公司（德国），1988年
寒带或高寒地带的攀爬效果：难以伸展

分类	开花性	香味	拱门	栅栏	塔架	花格
S	反复开花	微香	BDE	E	BDE	B

‘奥利维亚·罗斯·奥斯汀’

拥有极具通透感的花瓣和雅致的花形，美得让人挪不开眼。花香淡雅，似清爽的果香。藤枝需要适度打理，伸展后会疏于开花。育种家用自己女儿的名字为其命名，将其视为自己的杰作，可见对它的喜爱程度。

花朵直径：8~10cm
树高（含枝条伸展长度）：1.5~2.5m
育种信息：大卫·奥斯汀月季公司（英国），2014年
寒带或高寒地带的攀爬效果：难以伸展

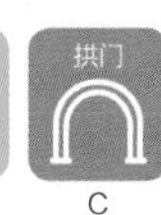

分类	开花性	香味	拱门	花格
S	反复开花	中香	C	C

‘格特鲁德·杰基尔’

拥有浓郁的大马士革香气的芳香型月季。反复开花，冬季强剪后也能开花，易于打理。一般为直立树形，枝条不易横生乱长，既有直立性又易于弯曲，很容易造型。

花朵直径：约10cm
树高（含枝条伸展长度）：1.8～2.5m
育种信息：大卫·奥斯汀月季公司（英国），1986年
寒带或高寒地带的攀爬效果：难以伸展

分类	开花性	香味	拱门	栅栏	塔架	花格
S	反复开花	强香	BCD	EF	BCD	B

‘樱衣’

植株被盛开的花朵尽数覆盖，像披上了一件樱花色的衣裳，故得名‘樱衣’，是为庆祝京成月季园艺公司创立60周年而培育的新品种，特点是纤细的枝条也易开花。第一轮开花枝较短，牵引后完美姿态尽显。

花朵直径：约7cm
树高（含枝条伸展长度）：1.5～2.5m
育种信息：京成月季园艺公司（日本），2019年
寒带或高寒地带的攀爬效果：难以伸展

分类	开花性	香味	拱门	栅栏	塔架	花格
S	反复开花	微香	BCD	D	BCD	BC

‘夏日清晨’

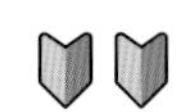

小巧玲珑的花朵，春、秋季都能大量开放。气候凉爽时花瓣的颜色更加鲜艳，适合地栽或搭配花格。曾在意大利蒙扎月季竞赛和英国皇家月季协会竞赛中获奖。

花朵直径：5～7cm
树高（含枝条伸展长度）：0.6～1.2m
育种信息：科德斯月季公司（德国），1991年
寒带或高寒地带的攀爬效果：难以伸展

分类	开花性	香味	塔架	花格
SF	四季开花	微香	ABC	ABC

‘亚斯米娜’

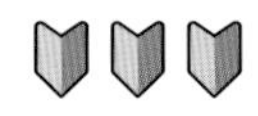

花朵像瀑布一样倾泻而下，蔚为壮观，因此把枝条牵引到视线以上的高度更佳。花朵簇拥着大量开放，心形的花瓣飘落而下。若想要花量增大，可在冬季把枝条横向牵引。攀爬在粗格凉亭架上的造型最为美观。2007年通过德国月季新品种性能测试，即获得 ADR 认证。

花朵直径：6～7cm
树高（含枝条伸展长度）：2～3.5m
育种信息：科德斯月季公司（德国），2005年
寒带或高寒地带的攀爬效果：可以伸展

分类	开花性	香味	拱门	栅栏	塔架	花格
CL	反复开花	微香	BE	E	E	B

‘夏莉玛’

花名取自于梵文的“爱巢”一词，花香清淡，抗病性强，一年喷两次药便可维持叶片全年健康美观，适合初学者栽培。树形接近于直立灌木月季。若作为藤本牵引造型，即使数年不进行冬季修剪，枝条也会持续伸展。

花朵直径：约8cm
树高（含枝条伸展长度）：1.3～2m
育种信息：木村卓功（日本），2019年
寒带或高寒地带的攀爬效果：难以伸展

   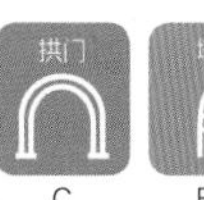  

分类	开花性	香味	拱门	塔架	花格
F	四季开花	中香	C	BC	C

‘灰姑娘’

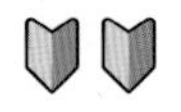

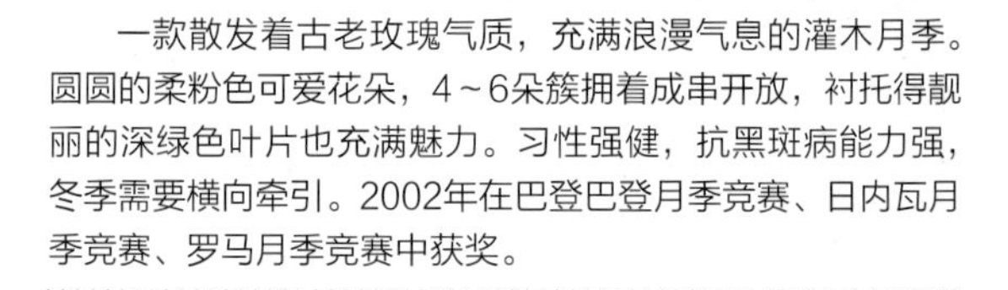

一款散发着古老玫瑰气质，充满浪漫气息的灌木月季。圆圆的柔粉色可爱花朵，4～6朵簇拥着成串开放，衬托得靓丽的深绿色叶片也充满魅力。习性强健，抗黑斑病能力强，冬季需要横向牵引。2002年在巴登巴登月季竞赛、日内瓦月季竞赛、罗马月季竞赛中获奖。

花朵直径：7～9cm
树高（枝条伸展长度）：1.5～2.3m
育种信息：科德斯月季育种公司（德国），2003年
寒带或高寒地带的攀爬效果：难以伸展

分类	开花性	香味	拱门	塔架	花格
S	反复开花	微香	C	BD	BC

‘西班牙美女’

波浪形花瓣柔美飘逸，醒目的大花朵优雅地大量开放。特别是那浓郁的大马士革香，甜到微腻。开花时花头朝下，牵引到视线以上的高度更加出彩，适合牵引于拱门、藤架、墙壁上。

花朵直径：约13cm
树高（含枝条伸展长度）：2~3m
育种信息：唐·佩德罗·多特（西班牙），1929年

CL

一季开花

强香

E

E

E

‘藤本历史’

花形大而壮观，花期长，小苗即可开花。花败之前摘除花朵，花瓣不会四处散落，便于清扫。枝条较硬，可稍做牵引。花朵朝上开放，横向牵引时要稍加注意，避免花朵开放时重叠拥挤。

花朵直径：10~12cm
树高（枝条伸展长度）：2.5~3.5m
育种信息：坦陶月季公司（德国），2009年

CL

一季开花

微香

E

E

E

‘藤本悠莱’

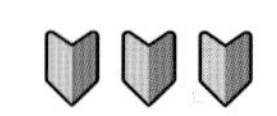

这款是人气品种‘悠莱’的芽变品种。花朵小巧可爱，成串开放。成片的深粉色花烘托出靓丽的氛围。枝条少刺，易于牵引。直立向上牵引的话，下方也会均匀生出花蕾。

花朵直径：7~10cm
树高（含枝条伸展长度）：2~3m
育种信息：京成月季园艺公司（日本），2013年

CL

四季开花

弱香

CD

D

塔架
BCD

BC

‘新曙光’

这款月季是一季开花、攀缘性强的‘范·福里特博士’的芽变品种，具有反复开花、枝条不易伸长的特性。温柔的珍珠粉色花朵在油亮的叶片丛中盛开。枝条长度超过5m后不易开花，若继续伸长，会出现返祖特征，必须适时处理枝条。习性强健，在半阴环境下也能栽培，适合初学者。1997年入选月季荣誉殿堂。

花朵直径：约7cm
树高（含枝条伸展长度）：2~3m
育种信息：萨默赛特月季园（美国），1930年

S

反复开花

弱香

D

E

D

‘羽衣’

独特的粉色卷边花瓣像羽衣一样层层包裹。枝条较柔软，制作大型造景更能彰显其美感。开花略迟，开花枝稍长，可作为大型豪华插花的花材。

花朵直径：10~12cm
树高（含枝条伸展长度）：2~4m
育种信息：京成月季园艺公司（日本），1970年

CL

反复开花

弱香

E

E

E

‘快乐足迹’

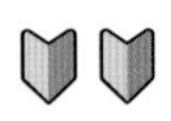

鲜艳的粉色花朵开放时簇拥下垂，尽显华丽，能反复开花，枝条柔软，适合牵引到高度40cm左右的塔架上。枝条伸展不会过于迅速，数年内可不做修剪，保持自然树形生长牵引即可。该品种抗病性强，推荐初学者栽培。

花朵直径：约3cm
树高（含枝条伸展长度）：0.2~0.5m
育种信息：杰克逊和帕金斯月季公司（美国），1996年
寒带或高寒地带的攀爬效果：难以伸展

SM

四季开花

微香

A

A

‘春风’

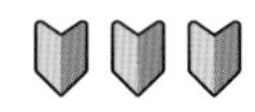

花色鲜艳持久，红色的花瓣背面呈黄色。冬季横向牵引枝条，来年即可获得超大花量。开花枝很短，并排开花，可牵引得到整面花墙，精致美观。枝条柔软少刺，甚是难得，但也有不易捆绑固定、枝条乱蹿的缺点。

花朵直径：7～8cm
树高（含枝条伸展长度）：2～4m
育种信息：京成月季园艺公司（日本），1985年

分类	开花性	香味	拱门	栅栏	塔架
CL	一季开花	微香	DE	EF	DE

‘汉斯·戈纳文’

圆圆的可爱花朵开在清爽的淡绿色枝条上，连背影都格外优雅，群开时美到窒息，是堪称完美的四季开花品种，稍加养护就能爆花。曾多次获奖，花名取自国外著名的园艺家的名字。

花朵直径：6～8cm
树高（含枝条伸展长度）：1.5～2m
育种信息：坦陶月季公司（德国），2009年
寒带或高寒地带的攀爬效果：难以伸展

分类	开花性	香味	拱门	栅栏	塔架	花格
S	四季开花	微香	D	D	C	ABC

‘龙沙宝石’

一款人气极高的月季品种。淡绿色的花蕾渐渐变白，开花时，花心的粉色花瓣紧抱一簇。粉色会随着气温升高而渐渐褪去。地栽时，枝条会变得粗硬，限制了攀爬的造型。于2006年被世界月季协会联盟收录进“月季荣誉殿堂”。花名取自被誉为“月季诗人”的16世纪法国诗人的名字。

花朵直径：10～12cm
树高（含枝条伸展长度）：2～3m
育种信息：玫兰国际月季公司（法国），1986年
寒带或高寒地带的攀爬效果：难以伸展

分类	开花性	香味	拱门	栅栏	塔架
S	反复开花	微香	DE	DE	DE

‘贝弗利’

有着浓郁的花香，花朵大而多。在温暖地区，即使放任不管，秋季也能观赏到美丽的花朵。稍加养护，能多季节开花，是不可多得的优秀品种。枝条刺少，可以做轻度牵引。由于开花枝较长，牵引时尽量横拉，让开花枝变短，以易于管理。

花朵直径：11～13cm
树高（含枝条伸展长度）：1.2～2.5m
育种信息：科德斯月季公司（德国），2007年
寒带或高寒地带的攀爬效果：难以伸展

HT

四季开花

强香

拱门
D

E

BCD

BC

‘粉红漂流’

植株强健，花量巨大，樱花状的小花四季开放。几乎可放任栽培，稍加养护便会爆花。无须修剪，任其生长几年以后再整理造型即可。

花朵直径：约4cm
树高（含枝条伸展长度）：约0.7m
育种信息：玫兰国际月季公司（法国），2006年
寒带或高寒地带的攀爬效果：难以伸展

SM

四季开花

微香

A

‘亮粉绝代佳人’

此品种是‘绝代佳人’的芽变品种。其育种初衷是为了获得一款能在初冬之前持续开花，且在适宜的地方栽种，即使放任生长也能爆花的月季。这款月季花形似郁金香，侧面观赏也很有乐趣，作为藤本月季牵引造型也美观雅致。无须修剪，任其生长几年以后牵引，更易造型。

花朵直径：7～8cm
树高（含枝条伸展长度）：0.9～2.5m
育种信息：玫兰国际月季公司（法国），2004年
寒带或高寒地带的攀爬效果：难以伸展

F

四季开花

微香

BCD

D

BCD

BC

‘弗朗索瓦·朱朗维尔’

植株有着轻柔甘甜的茶系香气，让人心旷神怡，是为数不多的枝条下垂也能持续伸展的品种。任枝条自由伸展，秋季可覆盖一整面墙，花朵满开时颇为壮观。如果在夏季之前持续修剪，也可打理成拱门造型。因花朵向下开放，所以牵引时尽量牵引到视线以上的高度。枝条细软易牵引，也易折断，打理时务必要小心。

花朵直径：5～6cm
树高（含枝条伸展长度）：3～6m
育种信息：巴比埃（法国），1906年
寒带或高寒地带的攀爬效果：难以伸展

分类	开花性	香味	拱门	栅栏	塔架	花格
R	一季开花	中香	BCDE	DEF	ABCDE	ABC

‘堡利斯香水’

花名有“飘香的微风”之意，甘甜清爽的香气向四周扩散。枝条纤细柔软，小巧可爱的花朵大量开放，花色从薰衣草粉渐变成白色。

花朵直径：约3cm
树高（含枝条伸展长度）：1.8～3m
育种信息：恩里科·巴尼（意大利），2006年

   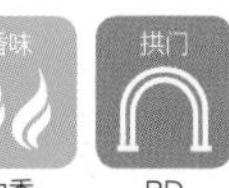  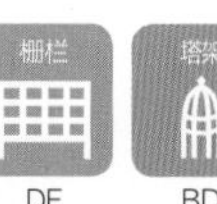  

分类	开花性	香味	拱门	栅栏	塔架	花格
S	反复开花	中香	BD	DF	BD	B

‘公主面纱’

白色的花瓣往内渐渐从柔软的杏色变为粉色，是一款极具浪漫气息的月季。清爽甜香的花朵可以一直开放到初冬。气温越低，花色越是浓艳。初学者也可以安心种植。具有直立性，栽培场所不受限制，曾在国际月季竞赛中获得芳香奖。

花朵直径：约8cm
树高（含枝条伸展长度）：0.8～1.8m
育种信息：科德斯月季公司（德国），2011年
寒带或高寒地带的攀爬效果：难以伸展

分类	开花性	香味	拱门	塔架	花格
F	四季开花	强香	C	BC	C

‘福禄考宝贝’

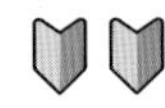

如同福禄考一般惹人怜爱的小巧花朵不停地大量开放，是一款即使放任不管、不剪残花也能保持良好状态的皮实品种，推荐作为切花花材。秋季，红色的小小果实也十分赏心悦目。其在2015年荣获阿什维尔最佳树形奖。

花朵直径：约2cm
树高（含枝条伸展长度）：0.5～1m
育种信息：玫兰国际月季公司（法国），2013年
寒带或高寒地带的攀爬效果：难以伸展

M

四季开花

微香

A

‘佩内洛普’

有着以粉色为基调，混合着奶油色、杏色和黄色的温润花色。花名取自古希腊神话中奥德修斯之妻的名字。香味复杂，似大马士革玫瑰和茶系香氛中混杂着香料的浓郁香气。枝条呈红色，少刺。细弱枝也能开花，易从植株基部生出花蕾。

花朵直径：约8cm
树高（含枝条伸展长度）：1.6～2.5m
育种信息：木村卓功（日本），2018年
寒带或高寒地带的攀爬效果：难以伸展

S

四季开花

强香

BCD

BCD

BC

‘保罗的喜马拉雅麝香’

如樱花般的小花朵簇拥而开，姿态迷人。纤细的枝条婀娜多姿，放任不管也能茁壮生长。春季任凭枝条持续生长，可观赏到满墙的花朵，夏季持续修剪也可控制株型。花朵牵引至视线以上的高度观赏最佳，适于攀爬于大型拱门和藤架。

花朵直径：4～5cm
树高（含枝条伸展长度）：3～6m
育种信息：乔治·保罗（英国），1899年（又有一说是1916年）
寒带或高寒地带的攀爬效果：可以伸展

R

一季开花

弱香

BCDE

DEF

ABCDE

ABC

‘玛丽娅·特蕾莎’

花如其名，不仅有美貌，更有坚韧的毅力，耐受风霜雨露。花朵优雅而持久，在花败之前将其摘除，花瓣不会四处散落。习性强健，可放任其生长，且可四季开花。多加养护，枝条伸长，反而不易开花，不适合喜好频繁侍弄花草者。枝条不易弯曲。

花朵直径：6~8cm
树高（含枝条伸展长度）：1.5~2.5m
育种信息：坦陶月季公司（德国），2003年
寒带或高寒地带的攀爬效果：难以伸展

S

四季开花

香味
微香

BD

BD

BC

‘玛丽·亨丽埃特’

华丽的蔷薇花形，配上大马士革玫瑰混合茶香和没药的浓郁香氛。即使竖直向上牵引，植株基部也会开花。抗白粉病、黑斑病能力强，易于初学者打理。于2015年获得ADR认证。花名取自活跃于月季界的一位与育种家科德斯交情甚深的女士的名字。

花朵直径：9~11cm
树高（含枝条伸展长度）：2~2.5m
育种信息：科德斯月季公司（德国），2013年
寒带或高寒地带的攀爬效果：难以伸展

S

反复开花

强香

C

D

C

C

‘芽衣’

小巧可爱的桃红色花朵成串开放，花量大，给人以华丽的印象。花朵是外侧白色、中心渐浓的渐变色。是‘梦乙女’的大型芽变品种。抗病性强，可进行无农药栽培。植株枝条木质化后，反复开花的性质会增强。

花朵直径：3~4cm
树高（含枝条伸展长度）：2~4m
育种信息：小松花园（日本）

CL

一季开花

微香

BCD

CF

ABC

ABC

‘莫蒂默·赛克勒’

温柔迷人的花朵飘逸着茶香。习性强健，是一款初学者也能安心种植的月季。主干健壮能直立，枝条纤细、坚硬且刺少。长枝条横向牵引后，易生发开花枝，花量大而华丽。花朵朝侧面开放，极具观赏价值。

花朵直径：8~10cm
树高（含枝条伸展长度）：1.7~2.5m
育种信息：大卫·奥斯汀月季公司（英国），2002年
寒带或高寒地带的攀爬效果：难以伸展

S

反复开花

中香

D

D
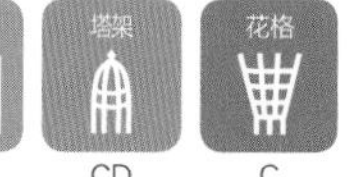

CD

C

‘可爱玫兰’

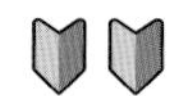

优雅的花朵在枝头大量开放。纤细且挺拔的枝条柔软而茂密。四季开花性强，但不易长出长枝，宜减少修剪，保持自然生长数年后，再小心牵引造型。育种者用自己的名字命名该品种，可见对其充满信心。

花朵直径：6~8cm
树高（含枝条伸展长度）：0.8~1.2m
育种信息：玫兰国际月季公司（法国），2000年
寒带或高寒地带的攀爬效果：难以伸展

SF

四季开花

微香
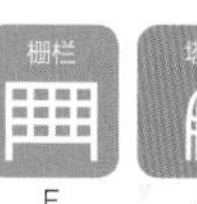

F

A

A

‘光柱’

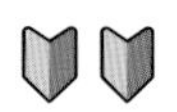

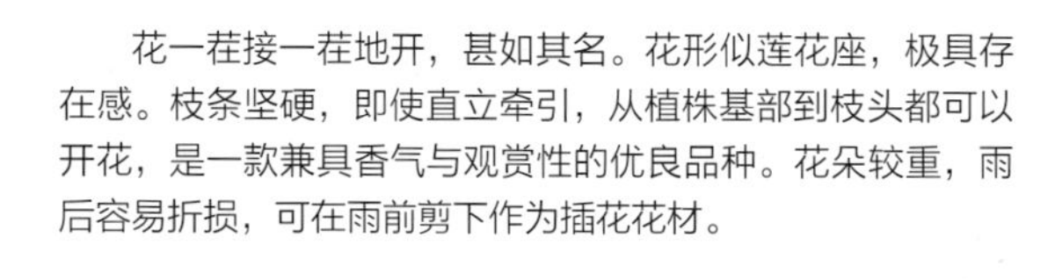

花一茬接一茬地开，甚如其名。花形似莲花座，极具存在感。枝条坚硬，即使直立牵引，从植株基部到枝头都可以开花，是一款兼具香气与观赏性的优良品种。花朵较重，雨后容易折损，可在雨前剪下作为插花花材。

花朵直径：约10cm
树高（含枝条伸展长度）：2~3m
育种信息：迪克森（英国），2016年
寒带或高寒地带的攀爬效果：难以伸展

S

反复开花

中香

D

DE

CD

‘粉色达·芬奇’

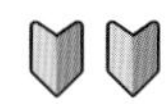

花形大而优美，花瓣厚实，花期持久，耐雨淋。以文艺复兴时期伟大的艺术家“达·芬奇”的名字命名，更添古典气息。抗病性强，易于栽培，于1993年荣获意大利蒙扎月季国际竞赛金奖。

花朵直径：8~10cm
树高（含枝条伸展长度）：1~2m
育种信息：玫兰国际月季公司（法国），1994年
寒带或高寒地带的攀爬效果：难以伸展

分类	开花性	香味	拱门	栅栏	塔架	花格
S	反复开花	微香	CD	DE	BCD	ABC

‘蓬巴杜玫瑰’

花名取自蓬巴杜侯爵夫人喜爱的“蓬巴杜粉色”。呈杯状打开的艳丽粉色花朵渐渐变淡至薰衣草粉，继而如莲座般盛开。植株茂盛，枝条粗而坚硬，适合慢慢牵引造型。

花朵直径：11~15cm
树高（含枝条伸展长度）：1.5~3m
育种信息：戴尔巴德月季公司（法国），2009年
寒带或高寒地带的攀爬效果：难以伸展

分类	开花性	香味	拱门	栅栏	花格
S	四季开花	强香	DE	E	B

‘斯帕里肖普玫瑰村’

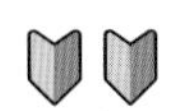

该品种的优点是花期长，花开不断，在花败之前将其摘除，花瓣不会四处散落，易于清扫。最可贵的是它在秋季也能大量开花，在欧洲它只作为四季开花的花坛月季栽培。开花时注意不要让残花结果。这个品种虽不易长出长枝条，但枝条寿命长，可渐次层叠上攀。粗而坚硬的枝条适合缓慢牵引造型。品种名源于科德斯月季公司苗圃所在地。

花朵直径：约10cm
树高（含枝条伸展长度）：1~3m
育种信息：科德斯月季公司（德国），1989年
寒带或高寒地带的攀爬效果：难以伸展

分类	开花性	香味	拱门	栅栏	塔架	花格
S	四季开花	微香	D	DE	CD	C

‘乌尔姆敏斯特大教堂’

花形壮观，花期可以延续到秋季。虽为藤本月季，但更有生长迅速、用于花坛栽培的四季开花月季的气质。长枝条较少，可层叠次第向上攀爬。枝条坚硬不易弯曲，适合直立造型或缓慢弯曲牵引造型。花名取自位于德国的乌尔姆敏斯特大教堂。

花朵直径：10~12cm
树高（含枝条伸展长度）：1.8~2.3m
育种信息：科德斯月季公司（德国），1983年
寒带或高寒地带的攀爬效果：难以伸展

分类	开花性	香味	拱门	栅栏	塔架	花格
CL	四季开花	微香	DE	DE	BD	B

‘鸡尾酒’

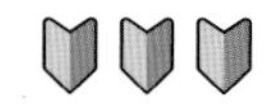

花朵中心为黄色，次日会变成白色，所以在一株上可以看见不同颜色的花。花量大，若能有效防止黑斑病，则能四季开花。这款月季皮实好养，即使疏于养护，春季也能大量开花，并且冬季强剪以后也能开花。枝条较细，适合打造各种造型。曾在2015年入选世界月季协会联盟的月季殿堂。

花朵直径：6~8cm
树高（含枝条伸展长度）：1.5~4m
育种信息：玫兰国际月季公司（法国），1957年
寒带或高寒地带的攀爬效果：难以伸展

分类	开花性	香味	拱门	栅栏	塔架	花格
S	四季开花	微香	BDE	DE	BDE	BC

‘坎迪亚·玫迪兰’

色彩艳丽的花朵不断地盛开，是非常易于栽培的品种。花朵成串开放，新枝次第长出。枝条柔软，轻盈繁茂，花后观果也不失为一种乐趣。放任不管的话，虽然花量会减少，但植株也会健壮生长。在2008年获得 ADR 认证。

花朵直径：7~8cm
树高（含枝条伸展长度）：0.6~1m
育种信息：玫兰国际月季公司（法国），2006年
寒带或高寒地带的攀爬效果：难以伸展

分类	开花性	香味	塔架	花格
SF	四季开花	微香	A	A

‘戴安娜伯爵夫人’

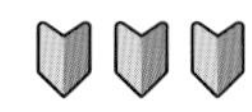

气质优雅且香气迷人的品种向来都需要倾注更多的心血来养护。但是，这款月季对初学者来说也易于栽培，实属稀少。新枝柔嫩，发育健壮后会显出半藤本特性。枝条较长，横向牵引后开花枝变短，可打造出美观的造型。2014年获得ADR 认证，2015年荣获贝鲁法斯特芳香奖等众多奖项。

花朵直径：约11cm
树高（含枝条伸展长度）：1.5～2.5m
育种信息：科德斯月季公司（德国），2012年
寒带或高寒地带的攀爬效果：难以伸展

S

四季开花

中香

DE

E

DE

‘红玉’

这款月季是‘珠玉’的芽变品种，属于小型藤本月季。圆圆的深红色深杯状花朵成串开放，极为美艳。冬季枝条横向牵引后，生出的开花枝短且均匀，能覆盖整个植株，花开后颇为华丽。花量大且花期长，极少反复开花。

花朵直径：约3cm
树高（含枝条伸展长度）：3～4m
育种信息：河合伸志（日本），2011年
寒带或高寒地带的攀爬效果：难以伸展

CL

一季开花

微香

BCD

DF

ABCD

ABC

深红色花朵的是‘红玉’，大红色花朵的是‘珠玉’。

‘爱玫胭脂’

这款月季冬季无论如何修剪弯折，新发的开花枝都很短，花朵集中开放，易于造型。可于第一年摘去全部花蕾，然后几年内不予修剪，任其自然生长，这样，植株底部会冒出长枝条，冬季再对新枝进行横向牵引造型。另外，旧的枝条会逐渐变得粗而硬，因此需要养护新枝，进行新老枝交替修剪。2004年获得 ADR 认证。

花朵直径：8～10cm
树高（含枝条伸展长度）：1.5～2.5m
育种信息：玫兰国际月季公司（法国），2008年
寒带或高寒地带的攀爬效果：难以伸展

S

四季开花

微香

D

E

D

C

‘绝代佳人’

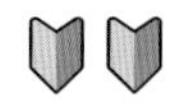

这是一款即使放任不管也能不断开花的花坛月季品种。种植5年以上可长出长藤枝。花色鲜艳醒目。放任生长，不做修剪的话，枝条会直立向上伸展，可顺势牵引，多余的部分则需要疏枝。新枝也能随意弯曲造型，适当疏留植株基部的枝条，以达到整体平衡。于2002年获得ADR认证，2018年入选世界月季协会联盟的月季殿堂。

花朵直径：7~9cm
树高（含枝条伸展长度）：0.9~2.5m
育种信息：玫兰国际月季公司（法国），2000年
寒带或高寒地带的攀爬效果：难以伸展

分类	开花性	香味	拱门	栅栏	塔架	花格
		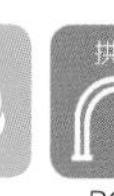				
F	四季开花	微香	BCD	D	BCD	BC

‘弗洛伦蒂娜’

花朵在阳光下呈亮丽的红色，枝条粗却柔软，易于打理，适合在平面方向上扩展开来造型，花量极大，值得推荐。直立向上牵引的话，从植株基部一直到枝头都能大量开花，且拥有随意造型的优越性，是一款无须特别养护也能强健生长的品种。2016年获得ADR认证。

花朵直径：7~9cm
树高（含枝条伸展长度）：2~3.5m
育种信息：科德斯月季公司（德国），2011年
寒带或高寒地带的攀爬效果：可以伸展

分类	开花性	香味	拱门	栅栏	塔架	花格
				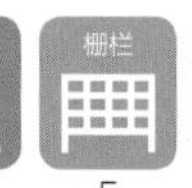		
CL	反复开花	微香	BDE	E	BDE	B

‘红色达·芬奇’

这是一款四季开花的月季品种，深红的花瓣随着花朵的绽放会逐渐变粉。摘去花蕾后会抽出挺直的长枝条，但枝条不易弯曲造型，可顺势牵引。皮实好养，初学者也能轻松上手。第一轮开花枝较短，可牵引造型，集中开放时场面非常壮观。2005年获得ADR认证。

花朵直径：8~9cm
树高（含枝条伸展长度）：1.5~2m
育种信息：玫兰国际月季公司（法国），2003年
寒带或高寒地带的攀爬效果：难以伸展

分类	开花性	香味	拱门	栅栏	塔架	花格
			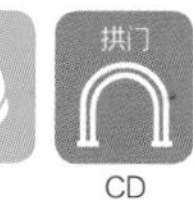			
S	四季开花	微香	CD	DE	ACD	AC

‘小红帽’

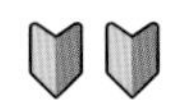

大型的红色花朵令人沉醉，花瓣饱满紧凑，不易褪色。花期长，春季开花枝较短，适合作为灌木栽培。秋季抽出长枝后进行牵引，可打造藤本造型。需要注意的是，牵引工作要在枝条变硬的12月之前进行，横向牵引花量更多。该品种于2009年获得里昂国际竞赛丰花月季金奖。

花朵直径：6~8cm
树高（含枝条伸展长度）：1.2~2.5m
育种信息：科德斯月季公司（德国），2007年
寒带或高寒地带的攀爬效果：难以伸展

分类	开花性	香味	拱门	栅栏	塔架	花格
S	四季开花	微香	D	E	ABD	B

‘橘园’

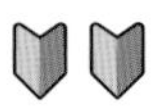

这款月季拥有对于藤本月季来说少见的鲜艳浓郁的橙色花朵。花期超长，花量虽不惊人，也足以让人愉悦满足。成串开花，花朵不易褪色，且抗白粉病和黑斑病能力强。受冻后枝条上会出现黑色斑点，但不影响生长。2016年获得ADR及其他认证。

花朵直径：8~10cm
树高（含枝条伸展长度）：1.3~2m
育种信息：科德斯月季公司（德国），2015年
寒带或高寒地带的攀爬效果：难以伸展

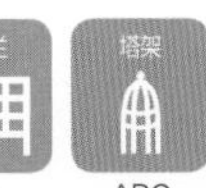

分类	开花性	香味	拱门	栅栏	塔架	花格
CL	反复开花	微香	C	D	ABC	BC

‘苏茜’

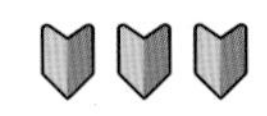

橙色的花朵有着浓郁的茶香和果香，活泼大方又不失优雅。植株长势旺盛，抗病性强，适合初学者栽培。习性强健，株型紧凑，作为紧凑型藤本月季栽培易于爆花。

花朵直径：约5cm
树高（含枝条伸展长度）：1~2m
育种信息：哈克尼斯（英国），2015年
寒带或高寒地带的攀爬效果：难以伸展

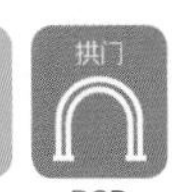

分类	开花性	香味	拱门	栅栏	塔架	花格
CL	四季开花	强香	BCD	DE	BC	BC

‘星星猎手’

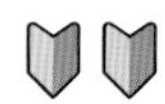

大型的橙黄色的半剑瓣花朵呈高心状开放，满开时极为壮观。深绿色的叶片也很美，枝条粗且紧凑，对黑斑病具有很强的抵抗力，是易于栽培的皮实品种。

花朵直径：8～10cm
树高（含枝条伸展长度）：2～3m
育种信息：迪克森（英国），2011年
寒带或高寒地带的攀爬效果：难以伸展

S

反复开花

微香

C

DE

C

‘翠鸟’

花朵中心略带茶色，整体又呈现渐变的粉红色，具有沉静之美。花瓣外缘根据气候的变化会变成淡紫色。这种红调与蓝调的对比正是品种名‘翠鸟’的由来。波浪形的花瓣层层重叠，具有蓬松感，含有没药香的花香令人印象深刻。

花朵直径：9～11cm
树高（含枝条伸展长度）：1.5～2m
育种信息：坦陶月季公司（德国），2016年
寒带或高寒地带的攀爬效果：难以伸展

S

反复开花

强香

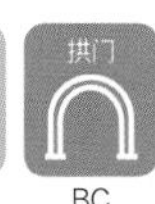

BC

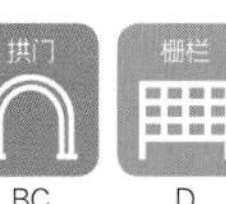

D

BC

BC

‘法国礼服’

柔美的粉色花朵中心露出些许茶色，更添古典气质，如同华丽的贵族服饰般高贵典雅，故而得名。植株基部易抽出笋枝，适合打造拱门及栅栏造型。花量大，花期长。

花朵直径：约8cm
树高（含枝条伸展长度）：1.5～2.5m
育种信息：河本纯子（日本），2011年
寒带或高寒地带的攀爬效果：难以伸展

S

反复开花

微香

C

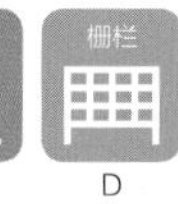

D

BC

BC

‘伊鲁米娜’

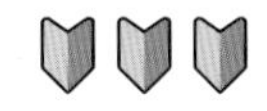

枝条细长，易于牵引，即使直立向上牵引，植株基部也能开花，是十分易于打理的品种。开花枝短而纤细，可沿着牵引方向开花。因开花时花朵呈下垂的姿态，所以应尽量牵引到视线以上的高度。易于栽培是该品种的魅力所在。2017年获得ADR 认证。

花朵直径：8～10cm
树高（含枝条伸展长度）：1.8～2.5m
育种信息：科德斯月季公司（德国），2016年
寒带或高寒地带的攀爬效果：难以伸展

S

反复开花

微香

BCDE
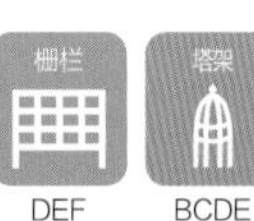

DEF

BCDE

BC

‘卡尔·普罗波格’

一款拥有‘黄色龙沙宝石’般迷人氛围的月季品种，花朵集中开放更具魅力。开花枝短，易于塑造精美的造型。横向牵引可促使其开花。天气炎热时植株容易停止生长，应尽量避免西晒。品种名取自澳大利亚著名园艺家的名字。

花朵直径：约8cm
树高（含枝条伸展长度）：1.2～2.5m
育种信息：科德斯月季公司（德国），2009年
寒带或高寒地带的攀爬效果：难以伸展

S

反复开花

中香

DE

BD

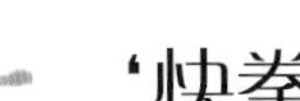

‘快拳’

花朵具有柑橘香、大马士革香与茶香混合的香气，中心花色浓郁，外缘渐渐变浅至奶白色，极具层次美。枝条柔软少刺，易于牵引，随着生长会逐渐变得又粗又长。在长出长枝条之前无须修剪，任其自然生长。用于花坛栽培时，开花枝会长得很长，横向牵引后又会生出大量的细短枝条。花期长。曾获罗马月季国际竞赛金奖。

花朵直径：约10cm
树高（含枝条伸展长度）：1.5～2.5m
育种信息：京成月季园艺公司（日本），2011年
寒带或高寒地带的攀爬效果：难以伸展

F

四季开花

中香

CD

DE

ABC

BC

‘笑脸’

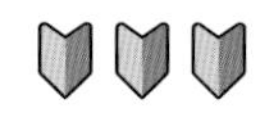

这是一款生长旺盛，适合初学者栽培的月季。初开时花色较浓，然后渐渐淡去。枝条强壮坚硬，可缓慢弯曲造型。新枝多，即使直立纵向牵引，植株基部也能开花。2010年获得意大利蒙扎月季国际竞赛银奖。

花朵直径：约10cm
树高（含枝条伸展长度）：2~3m
育种信息：玫兰国际月季公司（法国），2011年

CL

反复开花

微香

BDE

E

BDE

B

‘索莱罗’

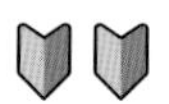

淡绿色的叶片配上柠檬黄色的花朵，给人以清新明朗的印象。长枝条较少，株型紧凑。自然生长时枝条纤细，蓬松茂密，可持续开花到初冬。枝条寿命较长，牵引后可徐徐攀爬层叠，可打造成四季开花的立体景观造型。

花朵直径：7~8cm
树高（含枝条伸展长度）：1~2m
育种信息：科德斯月季公司（德国），2008年
寒带或高寒地带的攀爬效果：难以伸展

SF

四季开花

中香
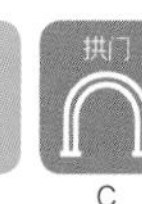

C
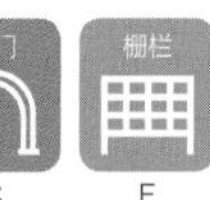

F

ABC

AC

‘藤本金兔子’

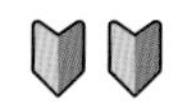

这款月季是直立性中型花‘金兔子’的芽变品种。作为一款黄色藤本月季，它有着华丽的氛围感，一直以来深受欢迎。开花时间早，3~5朵成簇开放。虽不易从基部冒新笋枝，但旧枝也能开花，皮实易养。种植多年后可反复开花。

花朵直径：8~10cm
树高（含枝条伸展长度）：2~3m
育种信息：玫兰国际月季公司（法国），1986年

CL

一季开花

微香

DE

E

DE

‘藤本和平’

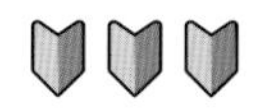

这款月季是著名的直立灌木月季‘和平’的芽变品种。‘和平’一名源自第二次世界大战后，人们对和平的期望。硕大华丽的黄色花朵边缘镶着一圈淡淡的粉色，满开时蔚为壮观。花期长，长枝条粗壮坚硬，不易弯折，适合打造大型景观。种植多年后，植株基部的枝条会减少。

花朵直径：13～16cm
树高（含枝条伸展长度）：2～4m
育种信息：布兰迪（美国），1950年

CL

一季开花

微香

E

E

‘芭思希芭’

杏仁黄色的花蕾在开花后渐变成杏仁粉色，花瓣背面又呈柔黄色，给人以混合了各种柔美色彩的优雅印象。花香初为微微混合蜂蜜的奶香，随着开放，又散发出茶的香气。花名取自托马斯·哈代的小说《远离尘嚣》中女主人公的名字。

花朵直径：约10cm
树高（含枝条伸展长度）：2～3m
育种信息：大卫·奥斯汀月季公司（英国），2016年
寒带或高寒地带的攀爬效果：难以伸展

S

反复开花

中香

D

DE

BDE

B

‘浪漫丽人’

深黄色的迷人小花簇拥着盛开，点亮了整个庭院。淡绿色的叶片映照着黄色的花朵，令人神清气爽。树势良好，枝条呈灌木状伸展，也可作为藤本月季栽培，是皮实易养品种。2008年获得ADR认证。

花朵直径：6～7cm
树高（含枝条伸展长度）：1.5～2.3m
育种信息：玫兰国际月季公司（法国），2009年
寒带或高寒地带的攀爬效果：难以伸展

S

反复开花

中香

BCD

E

ABCD

BC

重瓣黄木香

艳丽的奶油黄色小花群生簇拥开放。习性强健，枝条无刺，少有病虫害，几乎不需要打理，初学者也可以安心种植。若植株长得过大，可在夏季之前从基部剪掉新冒出的粗枝。

花朵直径：约2cm
树高（含枝条伸展长度）：3~6m
育种信息：不详（中国），1824年左右发现

R

一季开花

中香

BCDE

DEF

ABCDE

ABC

‘柠檬酒’

开花时，花色会从柠檬黄色逐渐变成浅黄色，像是两种不同颜色的月季同时绽放一般，美丽迷人。花瓣少却持久，花量大，植株被成簇的花朵包裹着，令人惊艳。枝条细软，蓬松繁茂，成型较慢，推荐搭配低矮的栅栏进行牵引，假以时日也可以攀爬至2m 左右的高度。

花朵直径：5~7cm
树高（含枝条伸展长度）：1.2~1.8m
育种信息：玫兰国际月季公司（法国），2008年
寒带或高寒地带的攀爬效果：难以伸展

SF

四季开花

微香

F

AC

AC

‘爱的气息’

花色在阳光下为红色，阴天则接近紫色，是一款放任栽培也能保持良好状态的芳香月季，春季观赏最佳。新枝可弯曲牵引。直立牵引的话，植株基部也能开花。植株不会肆意地无序伸展，不限栽培场所。2018年获 ADR 认证。

花朵直径：约8cm
树高（含枝条伸展长度）：1~2.5m
育种信息：科德斯月季公司（德国），2018年
寒带或高寒地带的攀爬效果：难以伸展

S

反复开花

强香

BC

DE

BCD

B

‘永恒蓝调’

花朵在背阴处呈现独特的蓝紫色，栽种在半阴处甚是美观。枝条虽有藤性，但不会迅速伸长，可以放任其自然生长数年，待植株变大后再做造型。这个品种即使在花后摘去残花，秋季也不会大量复花，因此可留下一半的残花，观赏橙色的果实。

花朵直径：3~4cm
树高（含枝条伸展长度）：1.3~2.5m
育种信息：坦陶月季公司（德国），2008年
寒带或高寒地带的攀爬效果：难以伸展

分类	开花性	香味	拱门	栅栏	塔架	花格
S	反复开花	中香	BC	D	BCD	BC

‘青空’

一款混合大马士革香和茶香的紫色月季。四季开花，易于栽培。夏季花朵呈轻柔的粉色。虽是直立灌木月季，但不进行冬剪任其持续生长的话，也可打造藤本造型。花朵朝侧向开放，极具观赏价值。

花朵直径：约8cm
树高（含枝条伸展长度）：1.3~2m
育种信息：木村卓功（日本），2012年
寒带或高寒地带的攀爬效果：难以伸展

分类	开花性	香味	拱门	栅栏	塔架	花格
S	四季开花	中香	C	D	ABCD	ABC

‘蓝色阴雨’

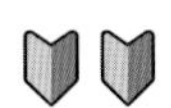

淡紫色的花瓣重重叠叠，极具人气。纤细的枝条配上小巧的叶片，雅致轻奢。花量大，不易染病，栽种的第一年最好不让其开花，并仔细养护使植株生长强壮，否则，它会一直保持微型月季的状态，无法藤本化。

花朵直径：约6cm
树高（含枝条伸展长度）：0.5~2m
育种信息：坦陶月季公司（德国），2012年
寒带或高寒地带的攀爬效果：难以伸展

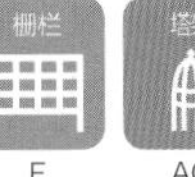

分类	开花性	香味	拱门	栅栏	塔架	花格
S	四季开花	微香	C	F	AC	AC

‘阿尔贝里克·巴比尔’

花蕾呈奶油色，随着花朵的绽放，花瓣逐渐变成有质感的白色，油亮的叶片也一样美丽可人。植株生长旺盛，枝条柔软且易伸长，适用于大型拱门和栅栏。在海边或半阴处也能强健生长。

花朵直径：5~6cm
树高（含枝条伸展长度）：3~6m
育种信息：阿尔贝里克·巴比尔（法国），1900年
寒带或高寒地带的攀爬效果：可以伸展

R

一季开花

中香

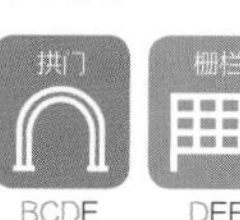

BCDE

DEF

ABCDE

ABC

‘淡雪’

有着清新的白色花瓣和黄色的花蕊，美丽和谐，种在和风庭院中也很协调。浑圆厚重的花瓣充满魅力，是一款小众但人气很高的月季品种。开花枝短，枝条柔软易牵引，牵引后的开花景观十分美丽，广泛应用于小型造景。秋季少花。

花朵直径：约4cm
树高（含枝条伸展长度）：0.6~2m
育种信息：京成月季园艺公司（日本），1990年
寒带或高寒地带的攀爬效果：难以伸展

S

反复开花

微香

C

F

AC

AC

‘伽罗奢’

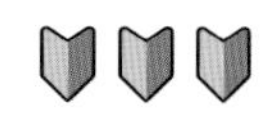

一款拥有温柔花色的大花月季，花量大，花朵成簇开放。残花不予修剪，到秋季会结出许多果实。习性强健，枝条可攀爬到2m 左右的高度，适合初学者栽培。

花朵直径：约5cm
树高（含枝条伸展长度）：1~4m
育种信息：河合伸志（日本），1995年
寒带或高寒地带的攀爬效果：难以伸展

S

反复开花

微香

C

F

AC

AC

‘绿冰’

随着花朵的绽放，花色由白色渐变成绿色，秋、冬季节气温下降后，又显露出粉色。花蕊中隐约可见绿色，这是该品种的一大特征。花期超长，花败前花瓣会飘落四散，尽留纯洁清新的印象。

花朵直径：约3cm
树高（含枝条伸展长度）：0.6~1m
育种信息：拉尔夫·莫尔（美国），1971年
寒带或高寒地带的攀爬效果：难以伸展

   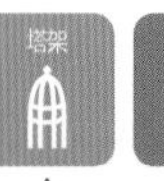 

分类	开花性	香味	塔架	花格
SM	四季开花	微香	A	A

‘克里斯蒂娜’

薄薄的花瓣重叠拥抱，纤细又不失华丽。花香丰富，兼有甘甜与柠檬的清爽。枝条少刺，易于牵引，因其细小枝条较多，即使直立向上牵引，植株基部也可以开花。植株状态稳定，秋季也能开花。2014年获得 ADR 认证。

花朵直径：约8cm
树高（含枝条伸展长度）：1.8~2.5m
育种信息：科德斯月季公司（德国），2013年
寒带或高寒地带的攀爬效果：难以伸展

分类	开花性	香味	拱门	栅栏	塔架	花格
S	反复开花	强香	BCD	E	BCD	BC

‘星河’

植株习性强健，粗而直的枝条即使牵引在狭窄的场所也易于打理，直立向上牵引也能大量开花。花朵朝下开放，甚是壮观，适合打造花柱造型。枝条伸展需要一段时间，若想促进枝条伸展，可摘除花蕾，施以有机液肥。2007年获得 ADR 认证。

花朵直径：约8cm
树高（含枝条伸展长度）：0.7~2m
育种信息：科德斯月季公司（德国），2006年
寒带或高寒地带的攀爬效果：难以伸展

分类	开花性	香味	拱门	塔架	花格
S	反复开花	中香	C	C	C

‘夏日回忆’

雅致的花朵香气宜人，在秋季也能大量开放。枝条直立纵向牵引，花量也不逊色。开花枝稍长，可剪下作为切花观赏。在2m左右的粗柱上牵引造型，开花后甚是壮观。秋季的花朵在原有的顶枝上开放，容易产生厚重感。

花朵直径：8～10cm
树高（含枝条伸展长度）：1.5～2.5m
育种信息：科德斯月季公司（德国），2004年
寒带或高寒地带的攀爬效果：难以伸展

S

四季开花

微香

D

DE

BC

‘新雪’

这是一款因花形优美、易于栽培而长期受欢迎的著名月季品种。花形端正，亦是优秀的插花花材。老枝柔软，不适合在狭窄的场所栽种，适合牵引至墙面、车棚及大型拱门。花后易结出美丽的红色果实。植株经年以后，旧枝中间会突冒粗壮的新笋枝，而植株基部的枝条则渐渐较少。

花朵直径：10～11cm
树高（含枝条伸展长度）：2～4m
育种信息：京成月季园艺公司（日本），1969年

CL

反复开花

微香

E

E

‘藤本冰山’

这是一款一季开花的藤本月季，是四季开花的直立灌木月季‘冰山’的芽变品种。春季，花量繁茂如母本品种，但又更为强健和硕大。植株基部不萌发新枝，不适合打造小型造型。幼年植株有很多细小枝条，枝条逐年变粗，粗略牵引即可。待植株能覆盖3㎡左右的面积就开始稳定下来，而后每年开花。

花朵直径：8～9cm
树高（含枝条伸展长度）：2～4m
育种信息：坎特·科尔切斯特（英国），1968年
寒带或高寒地带的攀爬效果：可以伸展

CL

一季开花

微香

E

E

‘香草伯尼卡’

春季伴随着花开，花色从奶油色渐变成白色，花量大而壮观。深秋时节植株也会不断开花，秋花黄色渐浓，煞是美丽。单朵花的花期长，淋雨后花瓣也不易污损，能长久保持良好的状态。它是一款能够迅速长成大苗的品种，初学者可以不对其进行任何修剪，任其生长数年后再做藤本造型。

花朵直径：6～7cm
树高（含枝条伸展长度）：1.3～2m
育种信息：玫兰国际月季公司（法国），2006年
寒带或高寒地带的攀爬效果：难以伸展

     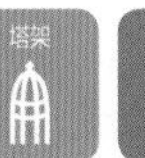 

分类	开花性	香味	拱门	栅栏	塔架	花格
S	四季开花	微香	D	E	CDE	A

‘白色龙沙宝石’

这款是拥有极高人气的‘龙沙宝石’的芽变品种。花色较‘龙沙宝石’更为淡雅，花朵中心是柔粉色，随着花朵绽放，花色渐渐变白。花量大，花期长。冬季横向牵引后，花量会增大。花朵朝下开放。

花朵直径：10～12cm
树高（含枝条伸展长度）：2～3m
育种信息：玫兰国际月季公司（法国），2005年
寒带或高寒地带的攀爬效果：难以伸展

分类	开花性	香味	拱门	栅栏	塔架
S	反复开花	微香	DE	DE	DE

‘紫晶巴比伦’

这款月季内侧花瓣染有红色斑点，是世界最新着色品种之一，它继承了原生种波斯蔷薇的心斑系列特征，少刺，可作为藤本月季栽种。枝条不会长得太粗，也不会长得太长，适合家庭庭院种植。若想得到更大的花量，可横向牵引枝条。

花朵直径：6～8cm
树高（含枝条伸展长度）：1.5～2.3m
育种信息：英特普兰特月季种苗公司（荷兰），2013年
寒带或高寒地带的攀爬效果：难以伸展

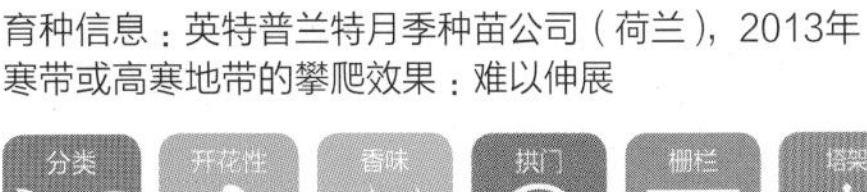
    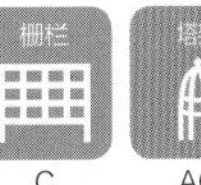 

分类	开花性	香味	拱门	栅栏	塔架	花格
S	反复开花	微香	C	C	AC	AC

‘卡米洛特’

这款月季有着仿佛细喷墨一般的罕见花色，香气怡人，在中型花的藤本月季中属于枝条柔软、容易牵引的品种，生长非常旺盛。因花朵微微朝上开放，因此尽量在低矮的位置横拉牵引枝条，以发挥其出众的魅力。该品种在较冷地区也可以良好生长，曾在巴登巴登月季竞赛中获得金奖，2012年获得 ADR 认证。

花朵直径：8~10cm
树高（含枝条伸展长度）：2.5~3.5m
育种信息：坦陶月季公司（德国），2010年
寒带或高寒地带的攀爬效果：可以伸展

CL

反复开花

中香

E

EF

BDE

ABC

‘撒哈拉98’

花朵刚开时是黄色，而后渐渐变成橘黄色，渐变的效果美丽动人。全盛期的景象壮观无比，用其打造花拱门，更显华贵。该品种秋季也会开花，习性强健，容易栽培，在光照良好处显色更佳。

花朵直径：8~10cm
树高（含枝条伸展长度）：1.8~2.5m
育种信息：坦陶月季公司（德国），1996年

S

四季开花

微香

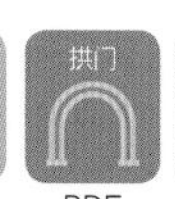

BDE

E

BDE

‘弗朗索瓦·巴尼约’

花瓣上如绽放的烟花一般的条纹十分罕见，有淡淡的青苹果香，开花性好。习性强健，容易栽培。枝条刺少、柔软、易弯曲，可以进行各种造型，但是枝条伸展到一定长度后就不再生长，不适宜搭配大型构造物。

花朵直径：9~11cm
树高（含枝条伸展长度）：1.5~2.5m
育种信息：玫兰国际月季公司（法国），2010年
寒带或高寒地带的攀爬效果：难以伸展

S

反复开花咲

弱香

BCD

DF

ABCD

BC

Chapter 6

藤本月季的基础培育方法

本章将介绍一些无论是初学者还是月季专家都需要掌握的基础知识。
更有“藤本月季商谈室”，帮您解决种养难题。

基础工具

种植藤本月季时，您需要准备以下工具。

基础装备

手套（短款）

保护双手不被尖刺扎伤。建议选择牛皮手套，不仅牢固耐用，还有柔软、易于操作的优点。

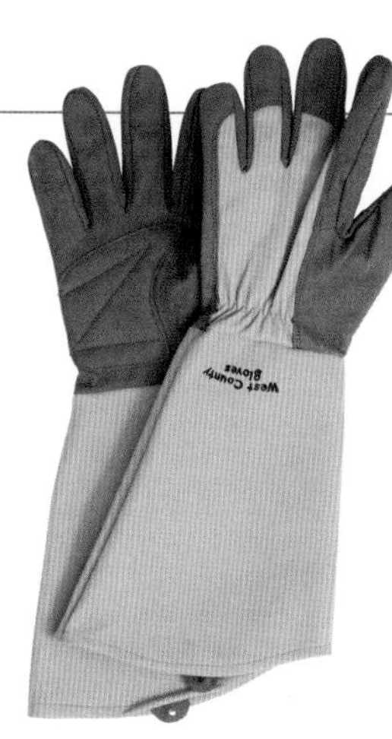

手套（长款）

不仅可以保护手腕，还可以保护手臂的长手套。戴上后，在修剪和造型时，可以安心将手伸至刺丛中，但不适合进行绑绳子这类精细的操作。

剪切枝条和根团的工具

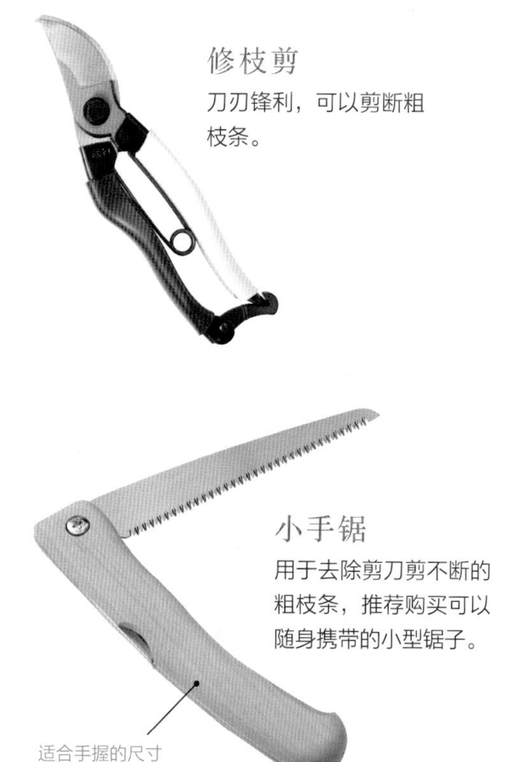

修枝剪

刀刃锋利，可以剪断粗枝条。

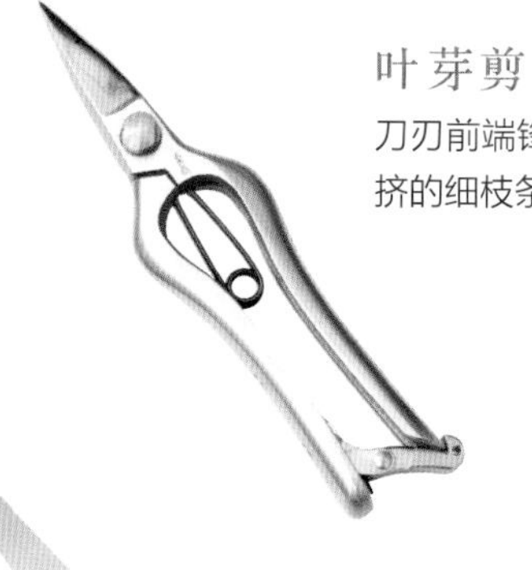

叶芽剪

刀刃前端锋利纤细，可以剪掉拥挤的细枝条。

小手锯

用于去除剪刀剪不断的粗枝条，推荐购买可以随身携带的小型锯子。

根锯

用于切割根团。锋利好用，即使是连根带土一起切断，也不会弄坏锯刃。

树脂净

月季的汁液或树脂沾到刀刃上会使刀刃变得不够锋利，用树脂净喷涂刀刃可以去除汁液，使刀刃重新变得锋利起来。

牵引枝条的绳子

粗麻绳

麻绳

柔软，易绑扎，可以将枝条绑紧。

细麻绳

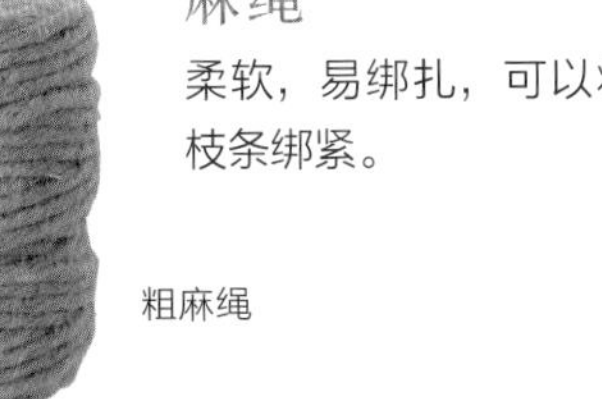

棕榈绳

质地粗硬，与麻绳相比更为结实，不易断。若不便于绑紧，可以浸水后再用。

园艺扎带

包裹有细铁丝的塑料园艺扎带。虽然绑在枝条上观感不佳，但方便操作，不需要打结就可以单手固定枝条，耐久性也不错。

盆栽种植用具

塑料盆

推荐使用月季种植专用盆。这种盆轻便、便于操作，底部有槽口，排水性佳。

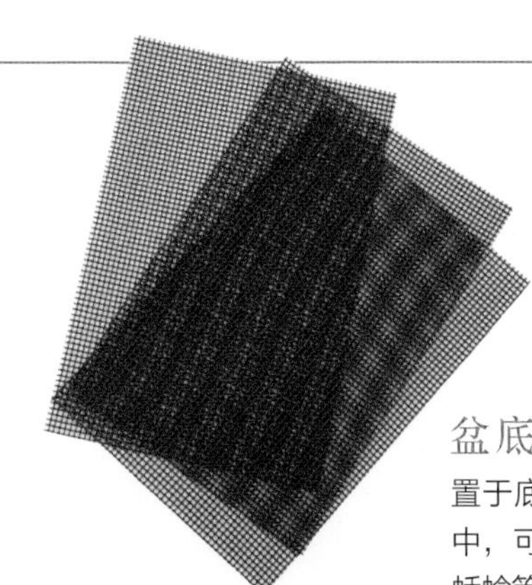

盆底网

置于底部有大孔的花盆中，可遮挡盆孔，避免蛞蝓等进入。

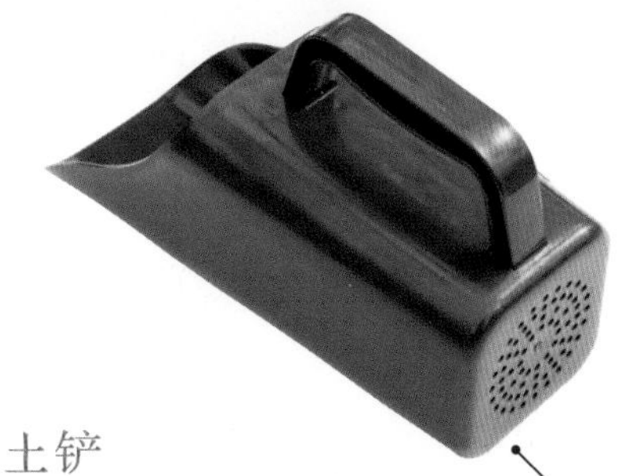

土铲

种植的时候用来铲土。

底部有孔洞，可以控出土中多余的水

浇水用具

水壶（大）

盆栽月季非常喜水，可以准备一个大容量的水壶。这个水壶把手下方有一个收纳槽，配有一个替换的莲蓬头，这样的设计不仅可以防止配件丢失，使用起来也更方便。

藤本月季苗的选择方法

大苗的选择方法

【什么是大苗？】新苗（指在秋、冬季节嫁接使用的仅数月龄的幼苗）经过一年的生长，到了秋季，基本就长成了大苗。大苗健壮，适合初学者栽培。

观察点 1

叶片的数量和形态

选择叶片数量多、形态饱满且长势旺盛的。

观察点 2

枝条的粗细

在同一品种中选择大苗时，选择枝条更粗壮的。

观察点 3

枝条表面

枝条表面有紧密的条纹，说明大苗结实健壮。这样的粗枝有一根就够了。

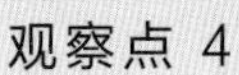

枝条切口

切口中心海绵状的部分比例较小的为好，外层的木质部越厚越好。

长势不好的苗

- 切开枝条，切口呈海绵状表明小苗还未长大，这样的苗在冬季很容易被冻伤。
- 左侧的3根枝条很难越冬，能够生存下来的只有右侧那根有条纹状树皮的枝条。

长尺苗的选择方法

【什么是长尺苗？】大苗栽种一段时间后，枝条伸长的苗。长长的藤条可以立刻牵引造型。

A类 植株基部有很多细枝的苗

B类 植株基部枝条数量少但长出一根粗枝的苗

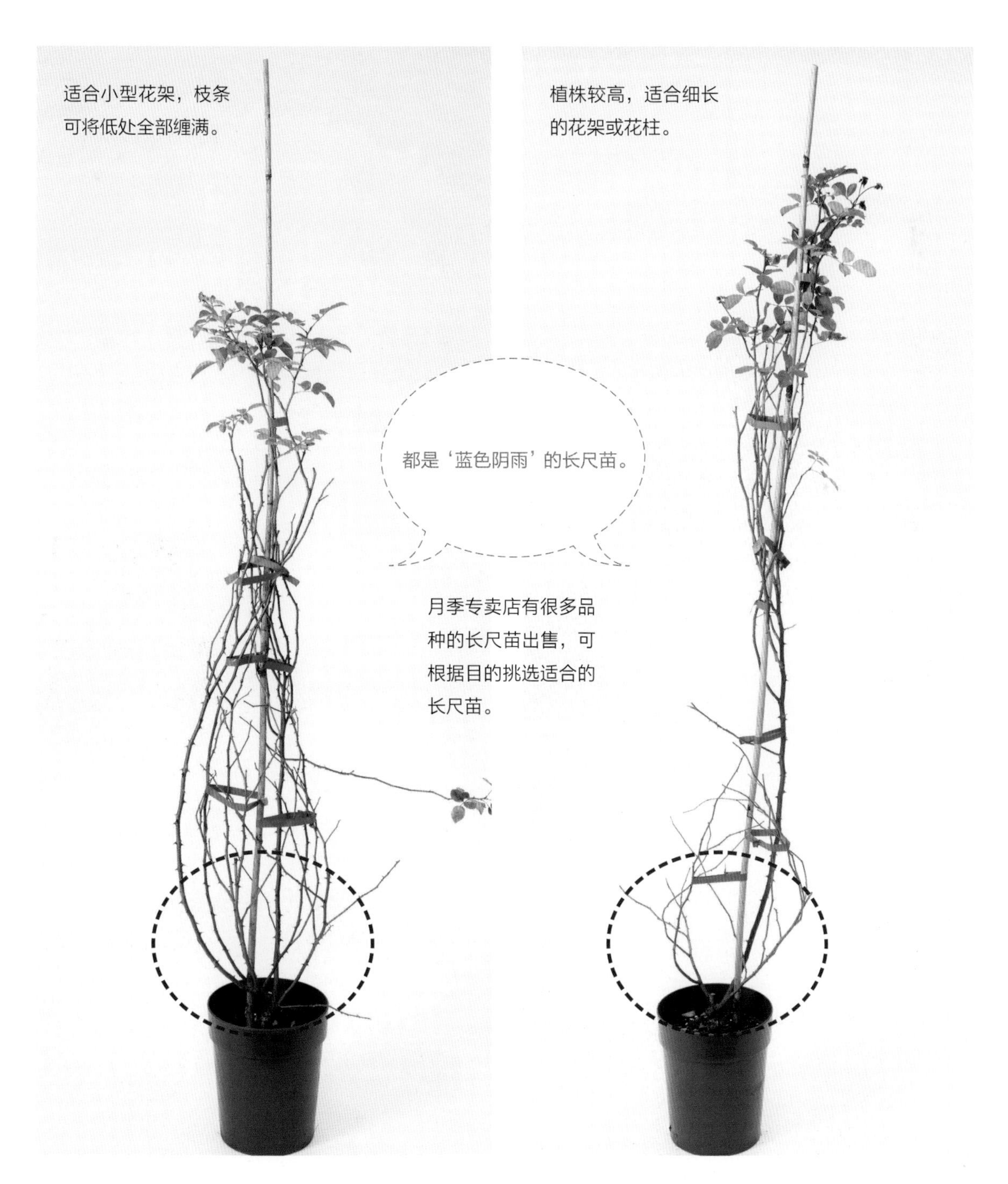

适合小型花架，枝条可将低处全部缠满。

植株较高，适合细长的花架或花柱。

都是‘蓝色阴雨’的长尺苗。

月季专卖店有很多品种的长尺苗出售，可根据目的挑选适合的长尺苗。

* 长尺苗的类型不同，适合牵引的方法也不相同，当然，经年累月后也可以更换造型。

适合藤本月季生长的环境条件

土、光、水、肥料，掌握这4个要点，月季就可以开出美丽的花朵。

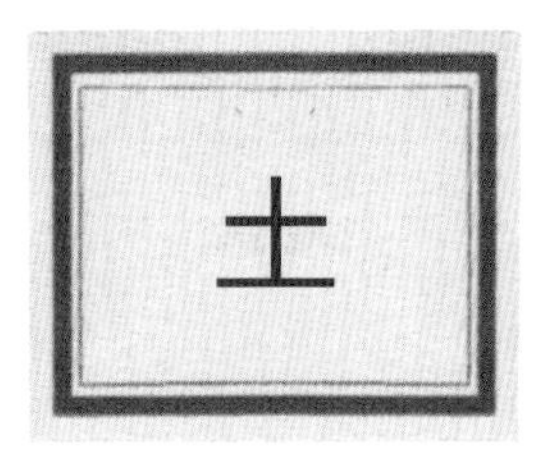

地栽使用堆肥改良土，盆栽使用营养土

适合月季生长的土壤要有排水性好、保水力佳的特点，同时还要含有一定的养分。

地栽的时候，可以先将种植穴中的土挖出来，与些许牛粪或马粪制作的堆肥混合后，再回填到穴中。如果土的排水性不佳，可加入一至两成的河沙。需要注意的是，最好不要使用营养土进行回填，特别是在排水不佳的时候，容易造成穴内积水。

另外，月季容易发生连作障碍，因此，再次种植时，需要改换种植点，或者是更换种植穴里的培养土。

盆栽的时候，可以直接使用月季专用营养土，既简单又安全，2~5年更换一次土即可。

光

选择光照好的场所种植

月季喜光，种在光照时间长的地方，可以开出更多、更美的花来。

在东向或南向的花园中，宜选择1天之中有3小时及以上光照的地点来种植。

北侧的话，若是能照到朝阳或夕阳也没问题，很多藤本和半藤本月季都能够在这种条件下生长。

在西向的阳台上种植月季则有一定挑战。夏季午后的西晒对月季来说有些残酷，最好盖一层遮阳网，挡住刺目的阳光。

浇水要充分，不可缺水

月季喜水，每次浇水时都要浇透，确保根系末端也能吸收到水。

地栽的时候，由于土壤中含有水分，可以不用频繁地浇水。但是，如果夏季有1周及以上时间没有下雨，还是需要人工为其补水。

盆栽的话，盆土干燥得很快，夏季需要每天浇一两次水，春、秋季节间隔1~3天浇1次水，冬季则5~7天浇1次水。

夏季若是需要外出旅行，可以在花盆下面放一个托盘，盛些水，以免盆土干透。（晚秋到翌年早春这段时间不建议这样做，可能会伤害到根系。）

在合适的时间适当施肥

要想月季花开不断，肥料必不可少，但是过多的肥料会伤害到根系，甚至导致植株死亡。

给植物施肥有3个不同的时间点：一个是初次种植时，施加基肥；一个是在每年冬季，给地栽的植物施以冬肥；最后一个就是在生长期，予以追肥。一般施用基肥后两三个月内，不需要追加冬肥。

地栽月季时，建议使用兼具改良土壤和补充养分的缓效性有机肥。

盆栽的话，每次浇水都会有部分肥料从盆底流出，因此生长期内需要一直追肥，以提供营养。另外，无论哪种肥料，都要严格遵守厂家规定的用法和用量。

大苗的种植方法

下面以‘弗洛伦蒂娜’为例，介绍地栽大苗的种植要点。

1 用铁锹挖出一个约花盆两倍大的种植穴。例如：这里用的是一个10cm×10cm×19cm的花盆，观察园土，质地松软的话，挖掘的孔穴直径约40cm即可；如果土质坚硬，则挖一个直径约为50cm的种植穴。

2 左手握住植株的基部，右手手掌抓住盆边轻敲，把苗从花盆里取出。

3 去掉基部的嫁接带（嫁接时卷上的胶带）。

4 用手捏松根团肩部部分，注意不要弄断白色的根须。

5 把根团放入水中浸泡，两手轻轻搓揉，将散落的土洗掉。

6 洗掉土后，舒展根系，特别是粗壮的根系要松开。

7 往种植穴中倒入堆肥。

8 加入月季专用肥料和改良土质用的发酵豆粕。

9 回填一些挖出来的土，用铁锹将穴内的所有材料搅拌混合。此时如果混合不均匀，豆粕的发酵会不充分。

10 薄薄地加盖一层土，避免植株根部与豆粕直接接触。

11 将双手手指插入根系间，一边舒展根系，一边把周围的土拨到根系之间。注意不要弄断白色的根须。

12 充分浇水，将手指插入粗壮的根系之间，让水渗透下去。

13 用铁锹继续覆土。

14 在大苗的周围挖出一个凹坑。

15 往坑内浇水，让水充分渗入土中，不要遗留任何孔隙。

16 在大苗的主干边竖立一根支柱。双手握住支柱顶部，将支柱深深插入土中。

17 在靠近植株基部的地方和主干上，分别用麻绳将大苗和支柱绑在一起，这样植株的基部不会摇晃，更利于扎根。

18 用铁锹把土表面铺平。

枝条的生长规律

月季一般在靠近顶部的地方生出新枝（不包括新笋枝），但生长期和休眠期的枝条生长方式有所差异。在修剪和牵引的时候可以有效利用这种差异。

生长期（春—秋）枝条的生长规律

一旦长出芽点，即刻生长

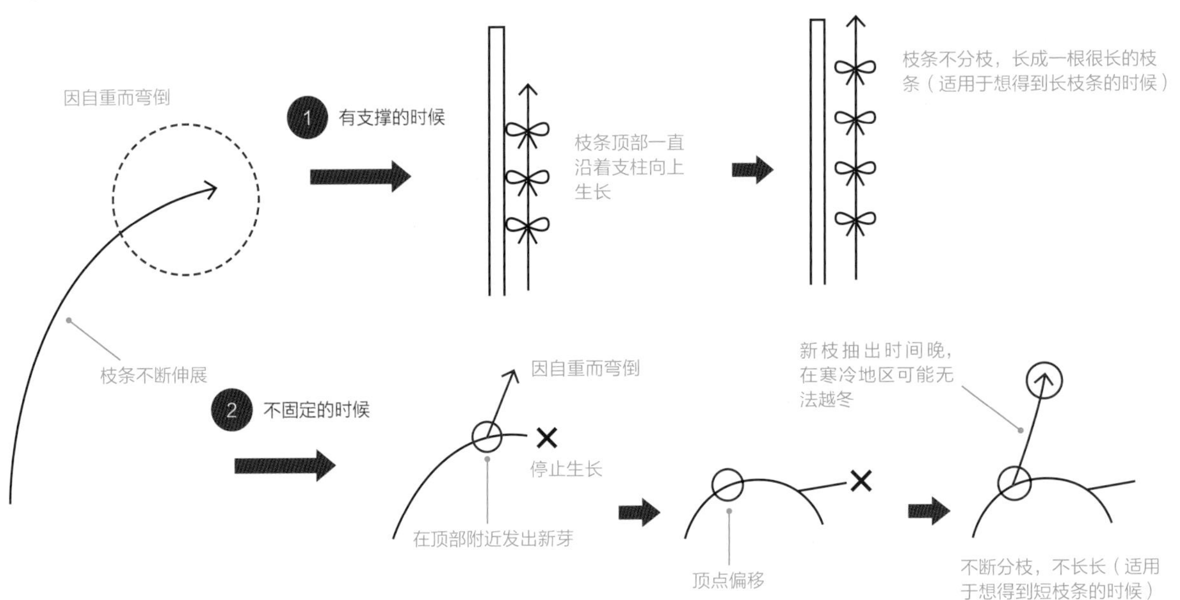

休眠期枝条的生长规律

长出芽点后暂不生长，储存能量

1 纵向牵引时

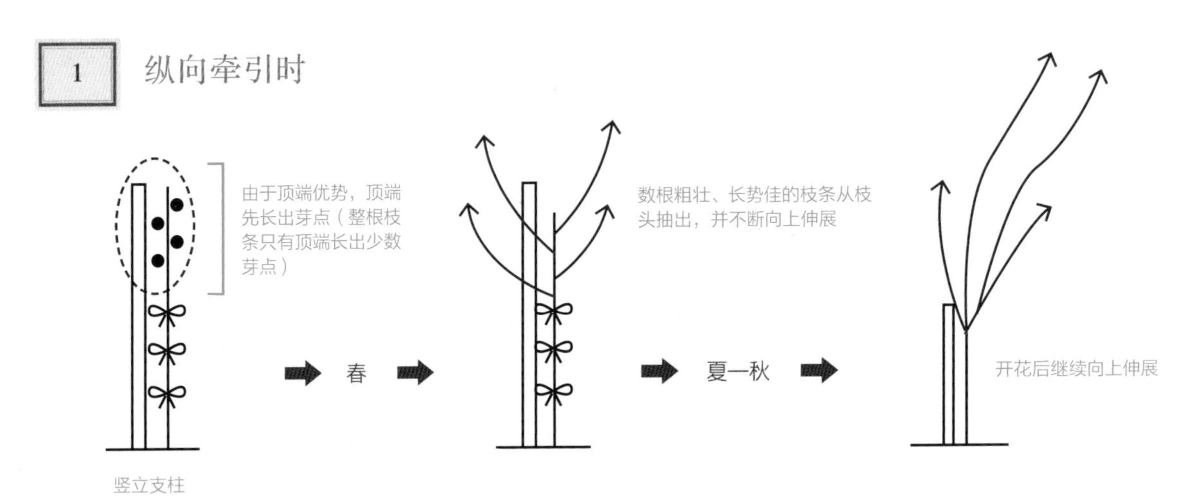

2 秋季伸长的枝条横向牵引时

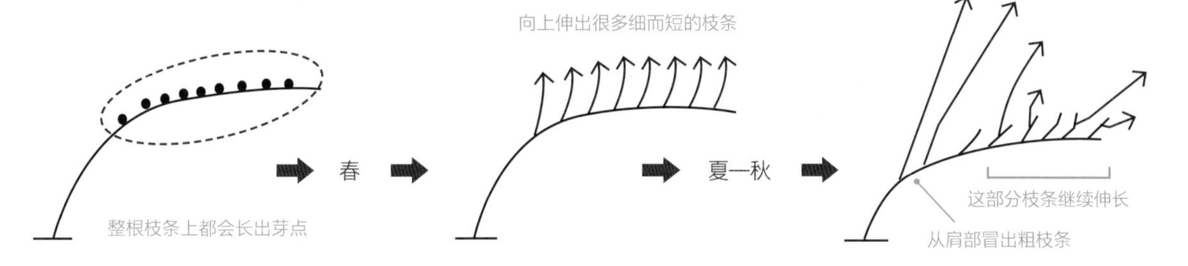

3 在拱门上牵引

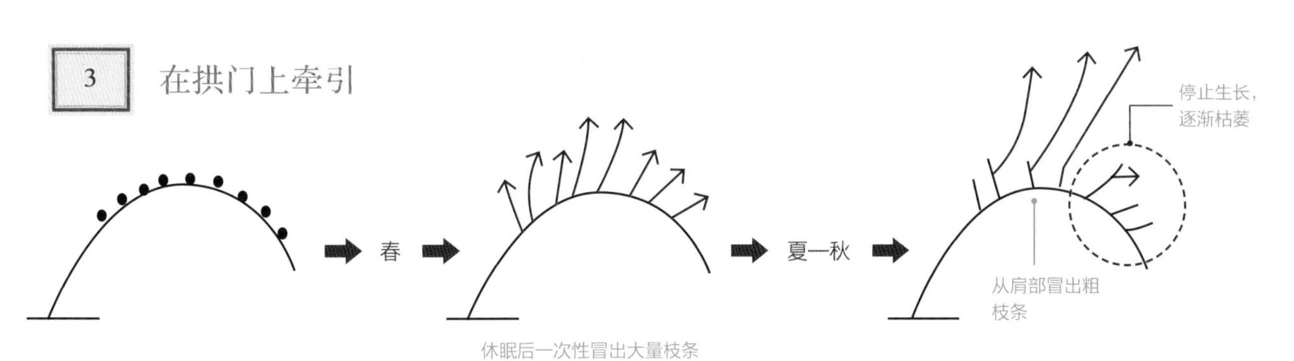

4 修剪枝条时

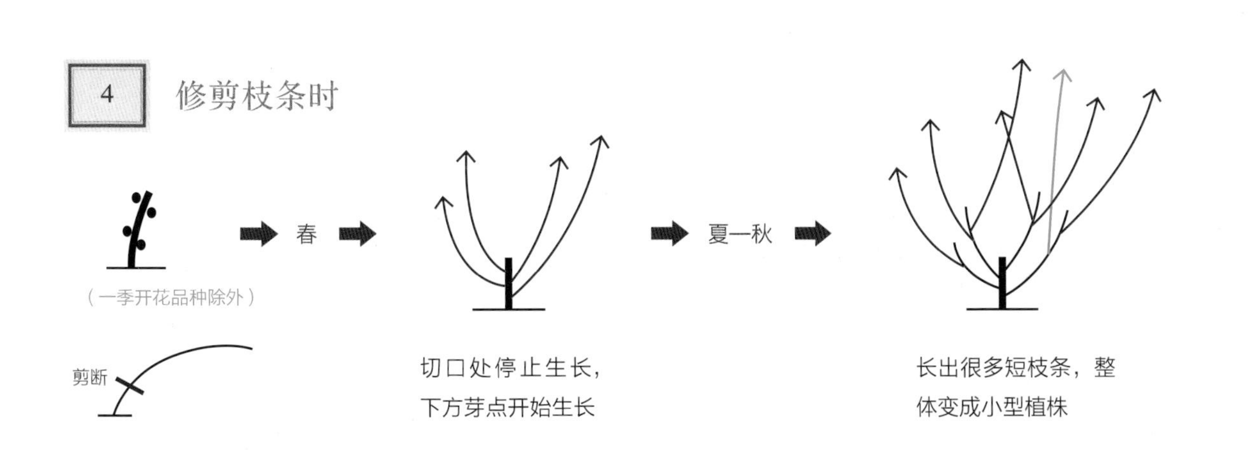

修剪、牵引须在休眠期进行

修剪和牵引对植物来说有一定损伤，所以不要在枝条生长旺盛的时候进行，请在休眠期进行。

中国南方地区 ＝ 12月末至翌年2月上旬（气温最低，还未长出芽点的时候）

中国北方积雪地区 ＝ 积雪开始融化的时候

修剪和牵引的基本方法

为了让植株均衡地开放更多的花朵，修剪和牵引的方法很重要。

大花品种的开花枝条一般需要长到铅笔般的粗细。

如何识别要修剪的枝条？

首先要确认的是月季植株是否已经长到需要修剪和牵引的程度。如果还没有长大到目标大小，就不要剪枝和弯曲，让它自然生长。长到目标大小后，按以下的方法来修剪和牵引。

1 剪掉枯枝。

2 剪掉不会开花的细枝条。如果这样的细枝条有可以牵引到光照好的地方的，也可以留下来作为营养枝培养。

* 如果你不知道什么样的细枝条不会开花，可以留下几根，等到春季观察它们的长势，就知道哪种枝条能够开花了。

3 观察枝条切口，若截面全是海绵状组织，则要一直剪到有木质部长出的地方。

观察枝条的切口

截面中心海绵状组织较少，周围被放射状的厚木质部包裹。这样的枝条能开花，并且冬季不会枯萎。

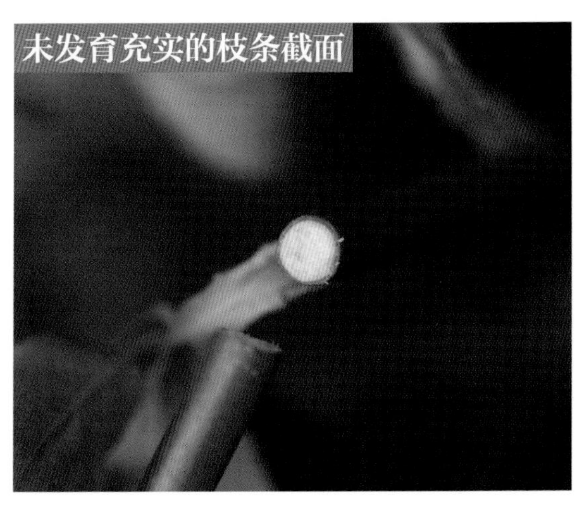

截面基本都是海绵状组织，枝条还未发育充实，冬季很容易被冻伤，继而枯萎。

要点1 牵引的顺序

按照从枝条底部向枝头的顺序，依次系绳牵引。

要点2 长枝尽量横向牵引

藤本月季的枝条横向牵引后开花性会更好，但是有的中、小花品种纵向牵引也可以开花。

要点3 细枝多的时候，纵向牵引也可以开花

细枝条四处伸展的植株，纵向牵引也可以开花。

要点4 牵引和修剪的时候，不要让枝条交叉重叠

枝条密集、叶片重叠会形成阴影，导致花朵无法接收充分的光照。在修剪的同时，也要整理枝条，拉开藤条间的距离，避免叶片相互重叠。

将麻绳放在口袋里，可以随时拿出来使用。如果外衣的胸前有口袋就更方便了。

牵引的时候要从植株基部向上，按顺序操作，可避免出现枝条重叠的情况。

注意枝条的牵引方向，避免折断枝条

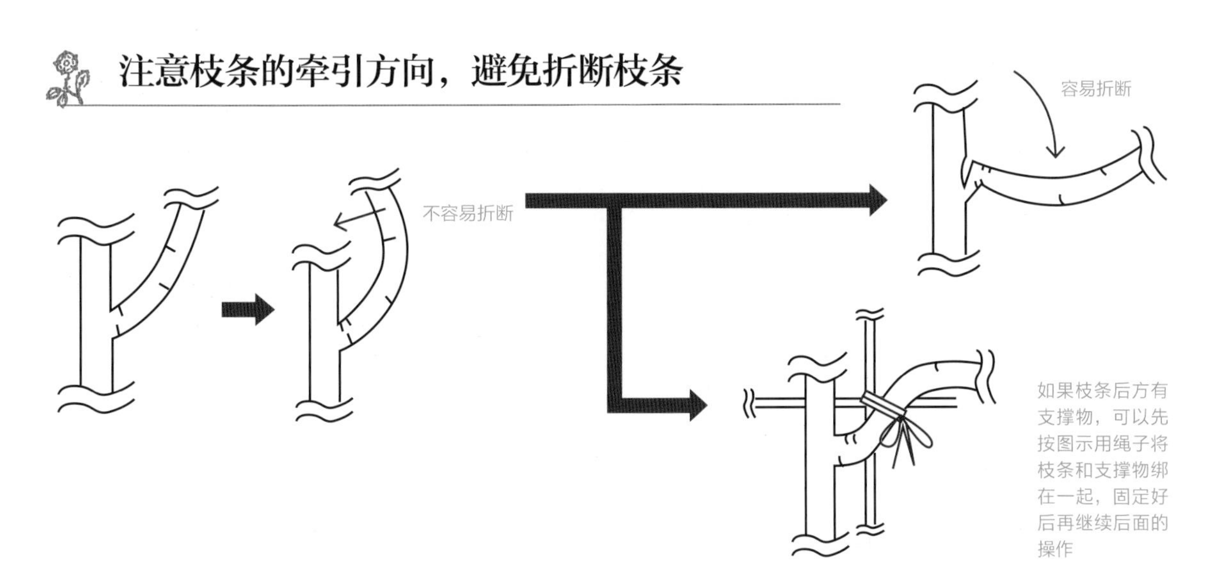

如果枝条后方有支撑物，可以先按图示用绳子将枝条和支撑物绑在一起，固定好后再继续后面的操作

关于花的问题

问题1

开花之后，何时修剪？如何修剪？

如果希望植株长得更健壮，最好在花朵还算鲜艳漂亮的时候就剪掉它，留下部分叶片。

如果不确定何时修剪，可以在花朵完全开放、颜色已经褪去的时候，在枝条的一半处将其剪断。植株长势太强的话，可以仅保留开花枝的1/4~1/3，以减少叶片的数量。

问题2

植株春季为什么不开花？

情况1：对于一季开花的品种，冬季修剪要慎重！

一季开花的品种，一般是在上一年的深秋时节分化花芽，并孕育出花蕾。如果在秋季或冬季剪掉枝条，就会将花芽一起剪掉，从而导致春季只长枝不开花。如果是想控制植株的尺寸，应该在8月之前反复地剪掉新长出的枝条。

四季开花和反复开花的品种，只要有枝条长出，就能开花，所以冬季修剪也无妨，只是会影响花朵的数量。

情况2：植株没有休眠

一季开花的品种需要休眠，以形成花芽。一般来说，秋冬交际时，月季会停止生长，进入休眠期，在休眠期形成花芽。如果在温暖地区（如两广及福建地区）种植，或者过度施肥让月季持续生长，那么植株无法休眠，来年可能就不会开花。

情况3：植株还未长大，没有力量开花

一般来说，花朵越大，就需要越粗的枝条来支撑其开花。如果种植点的光照不够，就需要把它牵引到能得到较好光照的地方。

想要植株开更多的花，该怎么做？

首先，您要做的是增加植株的体量。如果植株上已经有好几根粗壮的枝条，可以试试下面几个步骤。

① 观察枝条的粗细，对比开花枝，判断枝条是否达到可以开花的程度。不够粗壮的枝条一般很难开出花来。另外，细枝条上很难长出可以开花的粗枝，因此冬季可以将它们剪除。

★可根据以下标准，判断枝条是否足够粗壮：花径10cm 及以上的大朵花需要铅笔般粗细的枝条支撑，7cm 左右的中朵花需要筷子般粗细的枝条支撑，3cm 左右的小朵花需要竹签般粗细的枝条支撑，而木香花大概在风筝线般粗细的枝条上就可以开花。

② 未满1年的健壮新枝通常更容易开花，2年及以上的老枝则不容易开花。因此，当年春季到秋季之间长出的新枝尽量在冬季修剪时保留下来，进行牵引。另外，剪短的枝条顶端会长出细枝和新的花芽，发育充实的长枝条横向牵引后，沿着枝条也会长出很多细短枝，并开出花来。

★有的月季品种会长出很多细枝，保留这些细枝，就能欣赏到花爆枝头的美丽景色了。灌木品种作为藤本进行养护时，可以利用这些细枝，将它们围绕花架来牵引，便可让花架上开满花。

★如果想让花朵簇拥于某一特定方向，可将花枝集中牵引到该处，便能欣赏到花团锦簇的景象了。

③ 冬季横向牵引粗壮的新枝。粗壮的新枝养分充足，还会长出许多短枝，并且这些短枝都能开花。栅栏尤其适合用这样的新枝牵引装点，拱门的弯曲部分、塔架的缠绕部分也大多利用这些横向牵引的枝条。不过也有部分品种的枝条横向牵引后不会开花，遇到这种情况，就要换个品种或是换个造型。

★枝条向下牵引，枝头可能会在开花后逐渐枯萎。因此，若必须向下牵引，那也要在枝条的顶端约60cm 处改为斜向上的角度。

★有些品种的植株成年以后，枝条会变得粗壮、坚硬、不易弯曲，如‘龙沙宝石’。

★有些品种的枝条即使是笔直伸展也可以大量开花，如‘浪漫艾米’。

植物状态不佳

问题1 为什么一直很健壮的植株突然没有精神了？

情况1：植株上出现天牛

造成地栽月季枯萎的首要问题就是出现天牛危害植株了。若看到植物基部附近有木屑状物质，这很有可能是天牛幼虫的粪便，这表明天牛幼虫正在枝条内部蛀食韧皮部。在秋季之前发现木屑状物质，可以在其周围钻个孔或打个洞，喷洒天牛专用杀虫剂。当然，若发现天牛成虫，也要立刻捕杀。

情况2：过度修剪新枝

与大多数木本植物不同，月季的生长方式是不断长出更粗的新枝来替换老枝。不同的品种之间虽有差异，但是一根枝条的寿命通常并不是很长。如果把枝条剪得过短，或是只保留上一年牵引的枝条而剪掉新枝，就可能导致枝条枯死。

★正确的做法是保留那些更粗壮、更健康的新枝条，使植物保持年轻、有活力的状态。每年至少保留一根新枝。

问题2 为什么新的花蕾或是新芽顶端有一小段枯萎了？

这应该是植株上长了象鼻虫。这些体长约3mm 的小虫会啃食植株，并且在植株上产卵，导致植株枯萎。如若发现幼芽发蔫，应当迅速剪下枯萎的部分，扔进垃圾袋。也可用杀虫剂喷洒花蕾和幼芽的尖端。若放任不管，象鼻虫会在花园里生长和繁殖。

一季开花的大花品种如果遭受象鼻虫的侵害，可能要到第二年才会开花，所以在开花之前要密切关注芽尖的健康状况。

为什么植株基部没有笋枝发出？

情况1：幼苗长势不好

幼苗从一开始长势就不旺盛，可能的原因有：光照不足，根部缺乏生长空间，修剪、牵引过度，以及遭受病虫害。

情况2：植株生命力旺盛，但停止生长

如果植株长势好，但只在拱门、塔架或花格的顶部才开花，根本原因应该是该品种不适合打造此类造型，可以通过强剪对造型进行重塑，在休眠期之前将植株强剪到距离地面约10cm 处。

★对于较老的植株，最重要的是给它们充足的发芽准备期。修剪得越晚，发芽准备期时间就越短，长出的枝条也就越少。

为什么还没到冬季叶片就落光了？

情况1：植株感染黑斑病

成熟的叶片在潮湿的环境中超过一天，就会出现黑点，继而就会掉落。黑斑病是导致月季植株长势变弱最常见的疾病，抗病性因品种而异。对于容易感病的品种，应在梅雨季前、梅雨季中，以及秋雨前和秋雨后的晴天对所有叶片喷药。黑斑病真菌会在叶片中存续，不能渗透到叶片组织中的杀菌剂无法杀除病原菌。购买杀菌剂时注意确认其是否对黑斑病有效。

情况2：植株感染虫害

月季植株上的害虫通常很容易就可以找到，直接捕杀它们或用杀虫剂喷杀即可。如果植株尚幼，害虫会对植株造成严重伤害，因此在植株还未成熟之前，要经常观察留意。

有些害虫不那么容易被发现，例如尺蠖会伪装成树枝的样子，藏在枯枝和老树干中。如果叶片被大口啃食，那“凶手”应该就是切叶蜂了，对于这些有翅膀的昆虫，没有很好的防范方法。

关于生长的问题

问题1

枝条过度生长，该怎么办?

方法1：修剪枝条

一季开花的月季在春季开花后，枝条会一直生长到冬季。如果不想让它们长得太粗、太长，就在8月上旬之前对它们进行回剪。

半藤本月季（包括四季开花和反复开花的品种）往往会出现弱枝开花较多而强壮枝和长枝条开花较少的情况。对于初学者来说，可直接将没有空间继续生长的枝条剪断。剪断的枝条很容易从切口处长出新枝，反复修剪即可。对于生命力强的植物，修剪反而能让它长得更加健壮。这样的枝条修剪后可长至1m。考虑到秋季后期新生的枝条可能会因无法经受冬季的严寒而枯萎死亡，在9月上旬之前（中国南方地区的标准）完成修剪比较安全。

方法2：以倒 U 形弯曲枝条

如果枝条较软，可暂时将其弯曲成倒 U 形，使枝条的顶端朝向地面，从而阻止其生长。但这个方法对‘弗朗索瓦 · 朱朗维尔’和‘阿尔贝里克 · 巴比尔’无效，因为它们的枝条即使朝下也会继续生长。

枝条生长过程中会出现顶端优势现象，当枝条被弯曲，弯曲处就会长出新枝，营养被分散至各新枝，枝条就不再生长。但如果枝条太硬，无法弯曲，那就只能将其剪掉。

★通常来说，植株在春天开出的第一朵花的枝条长度是该品种最标准的开花枝长度。开花枝长度短的品种，在将枝条剪断或弯曲后，长出的短枝也会开花。造景时需要考虑开花枝的长度，若是在狭窄的拱门上牵引开花枝长的品种，那么花开后就可能会妨碍通行。

植株不怎么生长了，该怎么办？

一般来说，想要月季健康生长，每天至少需要3小时的光照，以及足够的地下空间以供根系伸展，并且没有病虫害的侵扰。想要植株长大，增加叶片的数量很重要。

情况1：植株太小

低价买来的幼苗往往体力弱、根系疏、叶片少。重瓣黄木香就是一个典型的例子。幼苗根系很少，生长缓慢，然而5年之后，会突然呈爆发式生长。

情况2：植株长时间保持开花的状态

在四季开花品种中，这种情况特别常见。月季枝条的末端有花蕾、花朵和果实的时候，就不再生长，也不会长出更多的叶片。花苗买回来后，应在第一年春季，从最弱的枝条开始，依次剪除植株上一半的花蕾。

夏季过后，一看到花蕾就立即摘除，摘得越晚，用于长叶的营养物质就越少。摘除的最佳时间是花蕾刚长出来的时候。

情况3：植株没有支撑

大多数植物都是向着阳光充足的方向生长，按照枝条伸展的方向（通常是向上）来支撑，枝条就会长得更快、更长。因此，可以把枝条都牵引到攀爬架上。

即使是将四季开花的直立灌木月季牵引固定在攀爬架上，枝条也可以伸长数倍，得到四季都被花朵环绕的立体造型。

情况4：修枝太少

很多人认为冬季必须剪枝，但如果想让月季长得更大，就不要剪。让它们长到需要的长度后自然弯曲。

牵引会给植物带来很大压力。要注意不要让枝条太过密集，否则叶片重叠会降低光合作用的效率。

一些经常被问到的问题

问题1

盆栽月季必须每年冬季都换盆吗?

建议尽可能按时移栽，这样做有两个目的。

①在土壤恶化之前及时换掉旧土

土壤里有细小的颗粒，浇水时，这些颗粒会随着水流移动，逐渐堆积从而形成类似黏土的堵塞物。当浇水时，水无法向下渗透，就表明盆土已经板结，需要换土。最好使用颗粒状的土壤来进行移栽。颗粒状的土孔隙大，在土内不容易形成堵塞物，使用时间也就更长。这就是为什么许多月季专用土都是颗粒状的。

种在大盆里的月季移栽起来比较困难，这种情况下，最好尝试使用有机肥或液体肥料，以延长土壤的寿命。

②修剪根部，防止根系盘结

植株生长越旺盛，越是需要每年进行移栽。藤本月季的生长速度非常快，花盆内部往往根系密布。当根团过分拥挤，没有空间长新根时，就需要移栽并处理根部末端了。可剪去1/3~1/2的根，如果根系修剪起来很困难，可以使用根锯进行切割，会更有效率。

相反，生长缓慢的植株不用着急换土。给大盆换土难度较大，可以在花盆边缘挖两三个狭长的洞，只在洞内更换土壤。换的新土建议使用营养土、堆肥和泥炭的混合物。

★根系的数量必须与枝条的数量平衡。如果剪除了部分根，那么枝条也要相应修剪，否则植株生长会很吃力。移栽后一周之内就可以进行修枝。修枝时尽可能多地剪掉老枝，留下新枝，以减少枝条的体积。

★移栽工作最好在植株的休眠期进行。

听说冬季是移栽的最佳时期，那11月买的地栽大苗，可以在当年冬季移栽吗？

不建议再次移栽。冬季虽然适宜移栽，但一年最好只移栽一次。裸根大苗从地里挖出来出售时，大部分的枝条和根部都已经过修剪，此时植株需要利用余下的少量营养物质生发新根，如果这些根被再次斩断，就很难再生根了。因此，最好在第二次移栽之前先种植一年以储存养分。

粗硬的枝条该如何弯曲？

弯曲粗硬的枝条有一定难度，有一种方法虽耗时久，但值得一试，就是将枝条弯曲到临界程度，固定两三个小时，再一点点弯曲，按此方法，一两天后枝条可弯曲至理想程度。

问题4

品种不同，适合牵引的时间也不同吗？

一般来说，牵引藤本月季的最佳时期为每年1—2月，但具体的时间因品种差异略有不同。

①重瓣黄木香开花早，且一年只开一次花。如果牵引时间过晚，花芽已经长出，操作时就很容易弄伤花芽，因此要尽早牵引。

②有些品种，如‘弗朗索瓦 · 朱朗维尔’，即使在初冬牵引，枝条也能继续生长，可以从11月下旬到翌年2月进行牵引。

③有些品种，如‘鹿特丹’，在寒冷的天气里枝条会变得僵硬和木质化，这类月季在严冬到来前进行牵引比较容易。

④枝条内部水分含量高时不易弯曲，冬季枝条吸水会变少，可能会变得容易弯曲。

★遇到③和④的情况，不必紧张，这类枝条只是难以弯曲牵引。相比这些问题，如何利用弯曲和不弯曲的枝条，以及如何安排它们，使花朵更好地绽放，更值得关注和思考。

5月9日
位于向之丘游园地的月季花园中开满‘鸡尾酒’的花拱门甚是耀眼，拱门下的灌木月季‘粉色冰山’和‘杏奈’增添了色彩的变化。

若是在路上看到了好看的月季拱门，
不妨花1年时间来观察它的变化。
看看月季是怎么生长的，别人是怎么修剪、牵引枝条的，
给自己栽培月季带来参考。

8月18日
花渐开，叶繁茂，枝条开始生长。

10月16日
花开了一部分，叶片因患上黑斑病掉落了不少，但是枝条持续生长着。

12月10日
花零星开放，叶片更少了，枝条随意伸展着。

12月22日
叶片都被捋掉了，枝条经过了修剪和牵引，间隔合理，等到翌年5月，就会看到美丽的花拱门。

此处原本是一排栅栏，花零星地开放着，改造成拱门造型后，很受欢迎。

来逛逛京成月季园吧！

第一次种植月季，可以先去月季园里看看。
亲眼看看那些绽放的娇艳花朵，再选择栽培的品种是最好的方法。
京成月季园中有约1600个品种，超过10000株的月季。
拱门、塔架、花格等各种构造物一起演绎出绝美的画面。

花园入口处的门牌后‘悠莱’正在盛开。每年5月至翌年1月接连不断开花。

从大型的拱门下走过，就进入了芳香四溢的月季园。迷人的景色如梦一般美妙。

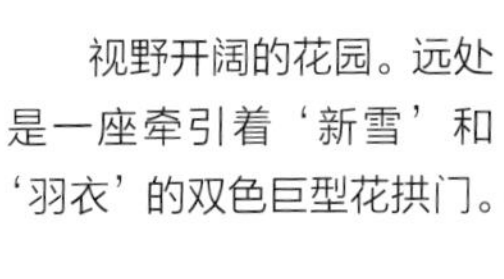

视野开阔的花园。远处是一座牵引着‘新雪’和‘羽衣’的双色巨型花拱门。

造型别致的凉亭上
牵引着五彩缤纷的月季。

餐厅的外墙上，‘粉红努塞特’和‘马美逊的纪念’构成一幅美轮美奂的画面。

枝繁叶茂的日本七叶树下，几种四季开花的中国月季争相竞放着，好不热闹。

开满‘鸡尾酒’的拱门后方是花苗售卖处，游客可在此挑选中意的品种带回家。

作者简介

村上敏

日本京成月季园园长，负责月季的培育及海外宣传业务。他致力于推广月季栽培，将多年从事月季培育工作的宝贵心得与经验，用易于理解的方式向爱好者介绍宣传，经常在日本NHK 电视节目《趣味园艺》及日本各地的研讨会上授课。出版有多本畅销园艺图书。

※ 京成月季园园内的照片拍摄于2020年。

图书在版编目（CIP）数据

藤本玫瑰月季造景技巧 /（日）村上敏著；花园实验室译 . 一 武汉：湖北科学技术出版社，2022.5

（绿手指玫瑰大师系列）

ISBN 978-7-5706-1915-3

Ⅰ . ①藤… Ⅱ . ①村… ②花… Ⅲ . ①玫瑰花－观赏园艺②月季－观赏园艺 Ⅳ . ① S685.12

中国版本图书馆 CIP 数据核字 (2022) 第049727号

藤本玫瑰月季造景技巧
TENGBEN MEIGUI YUEJI ZAOJING JIQIAO

责任编辑：张荔菲
美术编辑：张子容　胡　博
督　　印：刘春尧
翻　　译：药草花园　张春辉　郑晓梅

出版发行：湖北科学技术出版社
地　　址：湖北省武汉市雄楚大道268号出版文化城 B 座13—14层
邮　　编：430070
电　　话：027-87679412
印　　刷：湖北新华印务有限公司
邮　　编：430035

开　　本：889 × 1092　1/16
印　　张：9
版　　次：2022年5月第1版
印　　次：2022年5月第1次印刷
字　　数：180千字
定　　价：68.00元

（本书如有印装质量问题，请与本社市场部联系调换）